机器学习

宋宇斐　马国财　张春玲◎主　编

宋玉琴　杨　锴　戴玉洁◎副主编

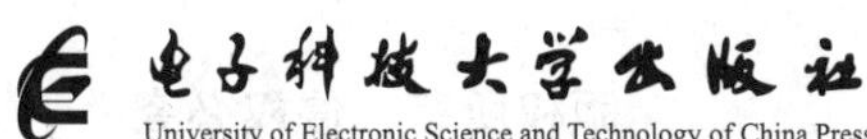

· 成都 ·

图书在版编目(CIP)数据

机器学习 / 宋宇斐，马国财，张春玲主编. -- 成都 : 成都电子科大出版社，2025. 6. -- ISBN 978-7-5770-1500-2

Ⅰ. TP181

中国国家版本馆 CIP 数据核字第 2025PM9104 号

机器学习

JIQI XUEXI

宋宇斐　马国财　张春玲　主编

策划编辑　于　兰
责任编辑　于　兰
责任校对　卢　莉
责任印制　段晓静

出版发行　电子科技大学出版社
　　　　　成都市一环路东一段159号电子信息产业大厦九楼　邮编 610051
主　　页　www.uestcp.com.cn
服务电话　028-83203399
邮购电话　028-83201495

印　　刷　成都市火炬印务有限公司
成品尺寸　185 mm×260 mm
印　　张　10
字　　数　260千字
版　　次　2025年6月第1版
印　　次　2025年6月第1次印刷
书　　号　ISBN 978-7-5770-1500-2
定　　价　50.00元

前　言

机器学习主要研究如何使计算机模拟或实现人类的学习行为，从而获取新的知识或技能，并不断改善自身的性能。“机器学习”一般被定义为一个系统自我改进的过程，但仅仅从这个定义来理解和实现机器学习是困难的。从最初的基于神经元模型以及函数逼近论的方法研究，到以符号演算为基础的规则学习和决策树学习的产生，和之后的认知心理学中归纳、解释、类比等概念的引入，至最新的计算学习理论和统计学习的兴起（包括基于马尔可夫过程的增强学习），机器学习一直都在相关学科的实践应用中起着主导作用。

作为现代人工智能技术的基础学科，机器学习同时在数学和编程两方面对学习者提出了较高的要求。一方面，学习者需要充分理解机器学习方法背后的原理，才能在各种实践场景中更好地选择合适的机器学习模型，或者甄别模型失效的原因；另一方面，机器学习是建立在实践之上的一门学科，拥有再好的理论性质的算法和模型，都需要用实际性能来考量，因此学习者需要在编程实践中不断地验证和修正自己对机器学习模型性能和学习行为的认知。

本书主要涵盖了机器学习中各种实用的理论和算法，包括概念学习、线性回归、朴素贝叶斯、聚类分析、支持向量机、决策树、深度神经网络等。本书既适合相关领域的研究人员阅读，也适合高等院校相关专业学生阅读。希望读者通过阅读本书，学会各种机器学习方法，体验相关知识的乐趣。

由于机器学习技术不断更新，本书不能全面反映最新成果，加之编者水平有限，书中疏漏在所难免，敬请广大读者批评指正。

编　者
2024年12月

目　　录

第一章　机器学习概述

第一节　机器学习介绍

一、机器学习的特点

在开始介绍机器学习之前，我们先看一下传统编程模式，如图 1-1 所示。

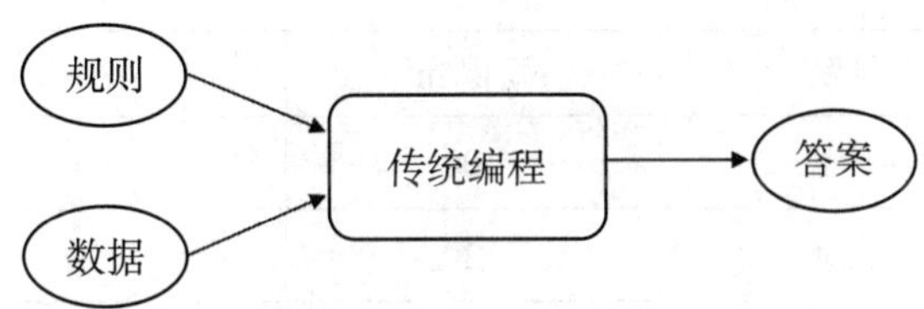

图 1-1　传统编程模式

从图 1-1 可以看出，传统编程其实是基于规则和数据的，目的就是快速得到一个答案。这里的规则一般指的是我们熟悉的数据结构与算法，是计算机程序的核心。当规则确定好后，将需要处理的数据输入计算机，计算机充分发挥其计算能力的优势，快速得到一个答案输出给用户。一般而言，当规则制定好之后，对于每一次输入的数据，计算机程序输出的答案应该也是唯一确定的，这就是传统编程模式的特点。

机器学习模式又是怎样的呢？我们同样用一个基本模型将其表述出来，如图 1-2 所示。

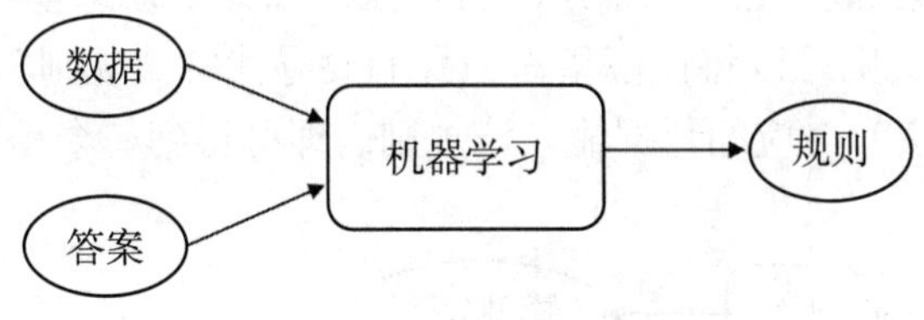

图 1-2　机器学习模式

从图 1-2 可以看出，机器学习其实是从已知的数据和答案中寻找出某种规则。也就是说，对机器学习而言，我们输入的是数据及其对应的答案，而寻找的是满足这样一种答案的数据背后的某种规则。

因此，机器学习的特点就是：以计算机为工具和平台，以数据为研究对象，以学习方法为中心，是概率论、线性代数、信息论、最优化理论和计算机科学等多个领域的交叉学科。其研究一般包括机器学习方法、机器学习理论、机器学习应用三个方面。

（1）机器学习方法的研究旨在开发新的学习方法。

（2）机器学习理论的研究旨在于探求机器学习方法的有效性和效率。

（3）机器学习应用的研究主要考虑将机器学习模型应用到实际问题中去，解决实际业务问题。

二、机器学习的对象

机器学习的对象是数据，即从数据出发，提取数据的特征，得出数据模型，发现数据中的规律，再回到对新数据的分析和预测中去。下面我们就以一个实际例子来看看机器学习中数据的特点，见表1-1所列。

表1-1 机器学习数据示例

房子	特征			
	位置	面积/m^2	……	价格/万元
房子1	上海	100	……	300
房子2	北京	120	……	480
……	……	……	……	……
房子M	深圳	80	……	260

表1-1是一份历史房价统计数据，假设该数据一共包含M个房子样本，每个样本都统计了“位置”“面积”等多个特征的取值情况，最后还给出了这些房子样本对应的价格取值。这其实就是一份最典型的机器学习数据，特征就是上面我们所说的“数据”，而价格标签就是我们所说的“答案”，我们将这份数据应用到某个回归模型进行训练，就可以得出一个可以预测房价的模型。当然，在现实中，我们会进一步将训练数据按比例进行划分（比如按8∶2划分），形成训练集和验证集两部分；然后在训练集上训练模型，在验证集上验证模型。如果验证效果较好，则可以将该模型作为我们要寻找的“规则”，以便将以后每一个新的数据样本（称为测试集）对应的数据输入该规则，即可得到一个预测的输出值。机器学习的过程如图1-3所示。

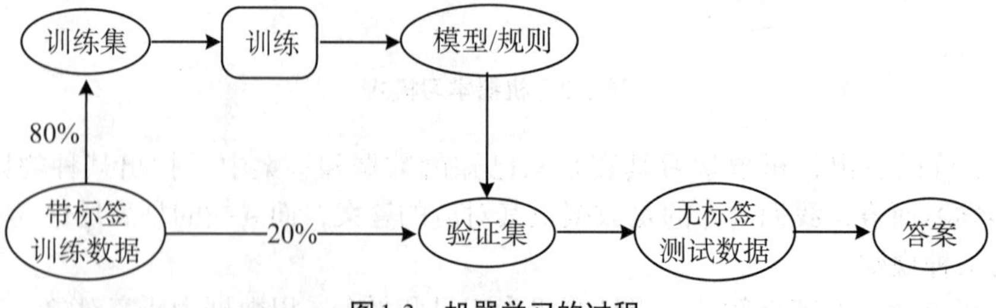

图1-3 机器学习的过程

另外需要说明的是，在实际业务场景中，机器学习的数据对象可能是多种多样的，比如文本、图像、语音等。一般在做机器学习之前，我们会先把这些数据统一为同一种格式类型，如矩阵的形式。比如给定的是多个文本类型的数据，我们可以先将各个文本分别进行分词处理，然后统计文本中各个词在全文中出现的频率值，这样就形成一个文档的词频矩阵；再比如给定的是多幅图像数据，我们可以将每幅图片当作一个像素矩阵。

三、机器学习的应用

机器学习的可应用场景比较多，主要有自动驾驶、人脸识别、垃圾邮件检测、信用风险预测、工业制造缺陷检测、商品价格预测、语音识别和智能机器人等领域。相信在不久的将来，随着机器学习及其相关技术的进一步发展，其所能应用的场景肯定会越来越多。

这里需要补充说明一下初学者常常容易混淆的几个概念，即深度学习、机器学习和人工智能。实际上，这三者之间是包含与被包含的关系，具体如图1-4所示。

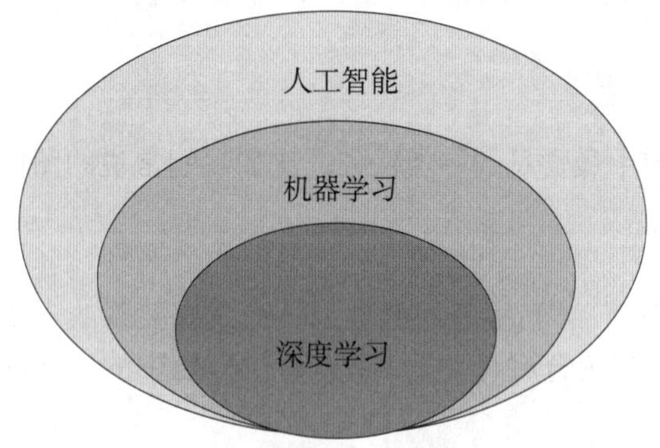

图1-4 深度学习、机器学习、人工智能三者之间的关系

由图1-4可以看到，深度学习其实是机器学习的一个子集，而机器学习又是人工智能的一个子集。深度学习目前主要指以深度神经网络为基础的一系列模型。近年来，它在自然语言处理和计算机视觉等领域取得了本质性的突破，被业界大力推崇。机器学习是一个比深度学习更宽广的概念，除深度学习外，它还包含一系列其他模型，如决策树、支持向量机等，这些模型的核心思想及本质是整个机器学习的核心所在。人工智能的概念则更为宽广，其除了研究机器学习模型算法等核心领域，还扩展到了认知、心理、控制等诸多领域，算是一个综合性和交叉性的学科。

第二节 机器学习分类

机器学习的分类方式有很多种，最常见的方式是按任务类型分类和按学习方式分类。

一、按任务类型分类

按任务类型分类，机器学习可分为回归问题、分类问题、聚类问题和降维问题等，如图1-5所示。

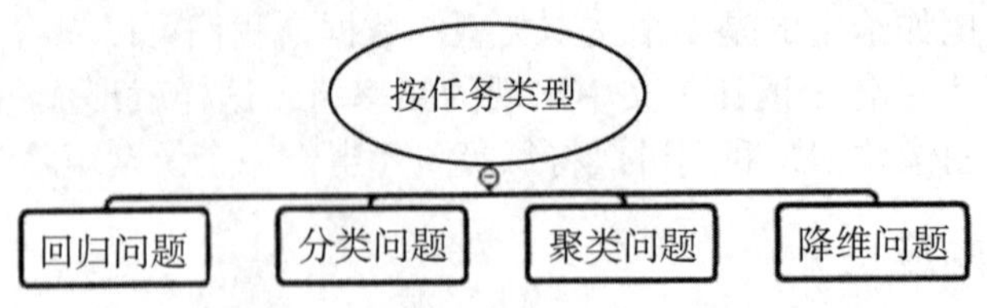

图1-5 机器学习分类(按任务类型)

（一）回归问题

回归问题其实就是利用数理统计中的回归分析技术，来确定两种或两种以上变量之间的依赖关系。

（二）分类问题

分类问题是机器学习中最常见的一类任务，比如我们常说的图像分类、文本分类等。

（三）聚类问题

聚类问题又称“群分析”，目标是将样本划分为紧密关系的子集或簇。简单来讲，就是希望利用模型将样本数据集聚合成几大类，算是分类问题中的一种特殊情况。

（四）降维问题

降维是指采用某种映射方法，将原高维空间中的数据点映射到低维空间。使用降维主要有两个原因：一是原始高维空间中包含冗余信息或噪声，需要通过降维将其消除；二是某些数据集的特征维度过大，训练过程比较困难，需要通过降维来减少特征的量。

常用的降维模型有主成分分析（PCA）和线性判别分析（LDA）等。通过降维，可让原本非线性可分的数据集转化成线性可分的。

二、按学习方式分类

按学习方式来分类，机器学习可分为有监督学习、无监督学习和强化学习等，如图1-6所示。

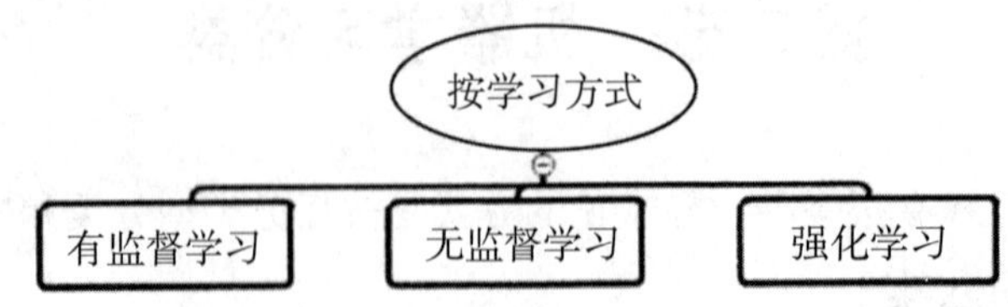

图1-6 机器学习分类(按学习方式)

（一）有监督学习

有监督学习（supervised learning），简称“监督学习”，是指基于一组带有结果标注的样本训练模型，然后用该模型对新的未知结果的样本做出预测。通俗点讲，就是利用训练数据学习得到一个将输入映射到输出的关系映射函数，然后将该关系映射函数使用在新实例上，得到新实例的预测结果。例如，某商品以往的销售数据可以用来训练商品的销量模型，该模型可以用来预测该商品未来的销量走势。常见的监督学习任务是分类和回归。

- 分类。当模型被用于预测样本所属类别时，就是一个分类问题，例如，要区别某张给定图片中的对象是猫还是狗。
- 回归。当所要预测的样本结果为连续数值时，就是一个回归问题，例如要预测某股票未来一周的市场价格。

（二）无监督学习

在无监督学习（unsupervised learning）中，训练样本的结果信息是没有被标注的，即训练集的结果标签是未知的。我们的目标是通过对这些无标记训练样本的学习来揭示数据的内在规律，发现隐藏在数据之下的内在模式，为进一步的数据处理提供基础，此类学习任务中比较常用的就是聚类和降维。

- 聚类。聚类模型试图将整个数据集划分为若干个不相交的子集，每个子集被称为一个簇。通过这样的划分，每个簇可能对应于一些潜在的概念，如一个簇表示一个潜在的类别。聚类问题既可以作为一个单独的过程，用于寻找数据内在的分布结构，又可以作为分类等其他学习任务的前驱过程，用于数据的预处理。假设样本集使用某种聚类方法后被划分为几个不同的簇，则一般我们希望不同簇内的样本之间能尽可能不同，而同一簇内的样本能尽可能相似。
- 降维。在实际应用中，我们经常会遇到样本数据的特征维度很高但数据很稀疏，并且一些特征可能还是多余的，对任务目标并没有贡献的情况，这时机器学习任务会面临一个比较严重的障碍，我们称为“维数灾难”。维数灾难不仅会导致计算困难，还会对机器学习任务的精度造成不良影响。缓解维数灾难的一个重要途径就是降维，即通过某些数学变换关系，将原始的高维空间映射到另一个低维的子空间，在这个子空间中，样本的密度会大幅提高。一般来说，原始空间的高维样本点映射到这个低维子空间后会更容易进行学习。

（三）强化学习

强化学习（reinforcement learning）又称“再励学习”“评价学习”，是从动物学习、参数扰动自适应控制等理论发展而来的。它把学习过程看作一个试探评价过程。强化学习模式如图 1-7 所示。

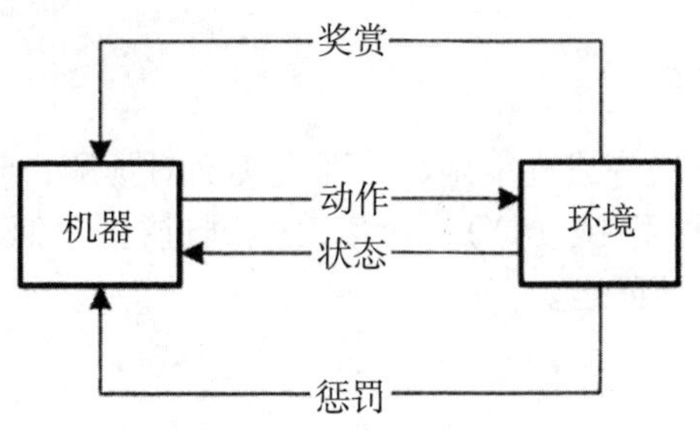

图 1-7　强化学习模式示意图

机器先选择一个初始动作作用于环境，环境接收到该动作后状态发生变化，同时产生一个强化信号（奖赏或惩罚）反馈给机器，机器再根据强化信号和环境当前所处状态选择下一个动作，选择的原则是使受到正强化（奖赏）的概率增大。通俗地讲，就是让机器自己不断去尝试和探测，采取一种趋利避害的策略，通过不断试错和调整，最终机器将发现哪种行为能够产生最大的回报，从而获得一套较为理想的处理问题的模式，当以后再面临一些问题时，它就可以很自然地采用一种最佳模式去处理和应对。

强化学习是一种重要的机器学习方法，在智能控制机器人及分析预测等领域有许多应用，比如在围棋界打败世界冠军的AlphaGo（阿尔法围棋）就运用了强化学习。

三、生成模型与判别模型

这里补充一个比较重要的概念，即生成模型与判别模型。在有监督学习中，学习方法可进一步划分为生成方法和判别方法，所学到的模型对应称为生成模型和判别模型。

（一）生成模型

生成方法是由数据学习训练集的联合概率分布 $P(X,Y)$，然后求出条件概率分布 $P(Y|X)$ 作为预测的模型，即做成模型再运用这个模型对测试集数据进行预测，即

$$P(Y|X)=\frac{P(X,Y)}{P(X)}$$

这样的方法之所以被称为生成方法，是因为模型表示了给定输入X产生输出Y的生成关系。典型的生成模型有朴素贝叶斯模型和隐马尔科夫模型。

（二）判别模型

判别方法是由数据直接学习决策函数 $f(X)$ 或条件概率 $P(Y|X)$ 作为预测模型，即判别模型。

判别方法关心的是对给定的输入X，应该预测出什么样的输出Y。典型的判别模型包括K近邻、感知机、决策树、Logistic回归、最大熵模型、支持向量机、提升方法、条件随机场等。

（三）生成方法的特点

- 生成方法可以还原出联合概率分布 $P(X,Y)$，而判别方法不能。
- 生成方法的学习收敛速度一般更快。
- 当存在隐变量时，生成方法仍可以使用，而判别方法不能。

（四）判别方法的特点

判别方法直接学习条件概率或决策函数，即直接面对预测，学习的准确度往往更高。

由于可以直接学习 $P(Y|X)$ 或 $f(X)$，可以对数据进行各种程度的抽象，能定义特征并使用特征，因此可以简化学习问题。

第三节 机器学习方法三要素

机器学习方法都是由模型、策略和算法三要素构成的，可以简单表示为

机器学习方法=模型+策略+算法

下面对三要素进行详细的讲解。

一、模型

先举个例子来形象地认识一下模型。

假设我们现在要帮助银行建立一个模型用来判别是否可以给某个用户办理信用卡，我们可以获得用户的性别、年龄、学历、工作年限和负债情况等基本信息，见表1-2所列。

表1-2 用户信用模型数据

用户	特征				
	性别	年龄/岁	学历	工作年限/年	负债情况/元
用户1	男	23	本科	1	10 000
用户2	女	25	高中	6	5 000
用户3	女	26	硕士研究生	1	0
用户4	男	30	硕士研究生	4	0
……	……	……	……	……	……
用户*K*	男	35	博士研究生	6	0

如果将用户的各个特征属性数值化（比如性别的男女分别用1和2来代替，学历特征高中、本科、硕士研究生、博士研究生分别用1，2，3，4来代替），然后将每个用户看作一个向量 $\boldsymbol{x}_i$ ，其中 $i=1,2,\cdots,K$，向量 $\boldsymbol{x}_i$ 的维度就是第 i 个用户的性别、年龄、学历、工作年限和负债情况等特征，即 $\boldsymbol{x}_i=(x_i^{(1)},x_i^{(2)},\cdots,x_i^{(j)},\cdots,x_i^{(N)})$ ，那么一种简单的判别方法就是对用户的各个维度特征求一个加权和，并且为每一个特征维度赋予一个权重 w_j ，当这个加权和超过某一个门限值时就判定可以给该用户办理信用卡，低于门限值就拒绝办理，即

- 如果 $\sum_{j=1}^{N} w_j x_i^{(j)} > threshold$ ，则准予办理信用卡。
- 如果 $\sum_{j=1}^{N} w_j x_i^{(j)} < threshold$ ，则拒绝办理信用卡。

进一步，我们将"是"和"否"分别用"+1"和"−1"表示，即

$$f(\boldsymbol{x}_i)=\begin{cases}1,\left(\sum_{j=1}^{N} w_j x_i^{(j)}\right)-threshold>0\\-1,\left(\sum_{j=1}^{N} w_j x_i^{(j)}\right)-threshold<0\end{cases} \tag{1-1}$$

式（1-1）刚好可以用一个符号函数来表示，即

$$f(\boldsymbol{x}_i)=\text{sign}\left[\left(\sum_{j=1}^{N}w_jx_i^{(j)}\right)-threshold\right] \tag{1-2}$$

符号函数的图像如图1-8所示。

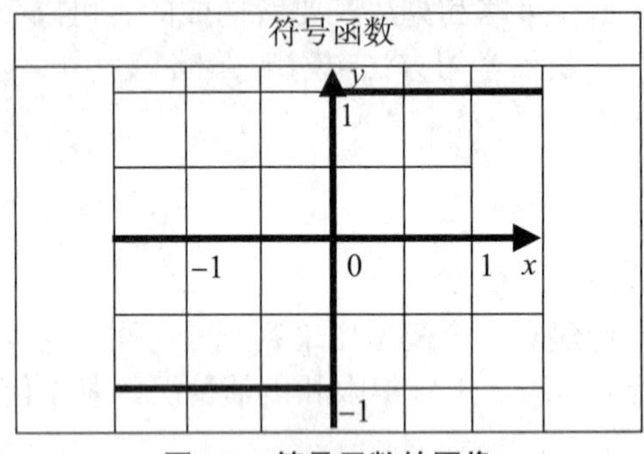

图1-8　符号函数的图像

$f(\vec{x}_i)$ 就是我们对上述用户信用卡额度问题建立的一个模型，有了该模型后，每当有一个新的用户来办理信用卡时，我们就可以将其填写的基本信息输入该模型中自动判别是否同意给其办理。

但别高兴得太早，因为其实还有一个问题没有解决：上面模型中有一些未知参数 w_j，如果不知道这些参数的值，我们是无法计算出一个新用户对应的值的。

所以下一步我们的目标就是想办法求解这些未知参数 $w_j, j=1,2,\cdots,N$ 的值，我们采取的方法就是通过训练集（即一批我们已经知道结果的用户数据）将其学习出来。至于为什么可以由训练集数据学习出来 w_j，以及如何学习 w_j，就是下面要讲的策略问题。

二、策略

训练集指的是一批已经知道结果的数据，它具有和预测集相同的特征，只不过它比预测集多了一个已知的结果项。还是以上面的例子为例，它对应的训练集可能见表1-3所列。

表1-3　用户信用模型数据（训练集）

用户	特征					是否同意办卡（0—不同意，1—同意）
	性别	年龄/岁	学历	工作年限/年	负债情况/元	
用户1	男	24	本科	1	6 000	0
用户2	男	28	高中	10	2 000	0
用户3	女	26	硕士研究生	1	0	1
用户4	女	33	硕士研究生	7	1 000	0
……	……	……	……	……	……	……
用户 M	男	35	博士研究生	6	0	1

要由给定结果的训练集中学习出模型的未知参数 $w_j, j=1,2,\cdots,N$ ，我们采取的策略是为模型定义一个“损失函数”，也称作“风险函数”，该损失函数可用来描述每一次预测结果与真实结果之间的差异。下面先介绍损失函数的基本概念，以及机器学习中常用的一些损失函数。

（1）0-1损失函数

$$L(Y,f(X))=\begin{cases}1, Y\neq f(X)\\0, Y=f(X)\end{cases}$$

0-1损失函数在朴素贝叶斯模型的推导中会用到。

（2）绝对损失函数

$$L(Y,f(X))=\left|Y-f(X)\right|$$

（3）平方损失函数

$$L(Y,f(X))=(Y-f(X))^2$$

平方损失函数一般用于回归问题中。

（4）指数损失函数

$$L(Y,f(X))=\mathrm{e}^{-Yf(X)}$$

指数损失函数在AdaBoost模型的推导中会用到。

（5）Hinge损失函数

$$L(Y,f(X))=\max(0,1-Yf(X))$$

Hinge损失函数是SVM模型的基础。

（6）对数损失函数

$$L(Y,P(Y\mid X))=-\log P(Y\mid X)$$

对数损失函数在Logistic回归模型的推导中会用到。

对于上面的例子，我们可以采用平方损失函数，即对于训练集中的每一个用户 $\boldsymbol{x}_i$ ，我们可以由上面建立的模型对其结果产生一个预测值 $f(\boldsymbol{x}_i)=(y_i-f(\boldsymbol{x}_i))^2$ ，那么对于训练集中所有M个用户，我们得到模型的总体损失函数为

$$L(\boldsymbol{w},b)=\sum_{i=1}^{M}(y_i-f(\boldsymbol{x}_i))^2 \tag{1-3}$$

式中，$\boldsymbol{w}$ 指的就是模型中的权重参数向量，b 就是设置的门限值。得到上面关于模型未知参数的损失函数表达式后，很明显，我们的目标就是希望这个损失函数能够最小化。因为损失函数越小，意味着各个预测值与对应真实值之间越接近。所以，求解模型未知参数的问题其实就转化为求解公式

$$\min L(\boldsymbol{w},b)=\sum_{i=1}^{M}(y_i-f(\boldsymbol{x}_i))^2$$

三、算法

通过定义损失函数并采用最小化损失函数策略，我们成功地将上面的问题转化为一个最优化问题，接下来我们的目标就是求解该最优化问题。

求解该问题的优化算法很多，最常用的就是梯度下降法。下面介绍优化问题中几种典型的求解算法。

（一）梯度下降法

（1）引入

计算机在运用迭代法做数值计算（比如求解某个方程组的解）时，只要误差能够收敛，计算机经过一定次数的迭代后可以给出一个跟真实解很接近的结果。那么目标函数按照哪个方向迭代求解时误差的收敛速度会最快呢？答案就是沿梯度方向，这就引入了我们的梯度下降法。

（2）梯度下降法原理

在多元微分学中，梯度就是函数的导数方向。梯度法是求解无约束多元函数极值最早的数值方法，很多机器学习的常用算法都是以它作为算法框架进行改进的，从而导出更为复杂的优化方法。

在求解目标函数 $L(\boldsymbol{w},b)$ 的最小值时，为求得目标函数的一个凸函数，在最优化方法中被表示为

$$\min L(\boldsymbol{w},b)$$

根据导数的定义，函数 $L(\boldsymbol{w},b)$ 的导函数就是目标函数在变量 $\boldsymbol{w}$ 和 b 上的变化率。在多元的情况下，目标函数 $L(\boldsymbol{w},b)$ 在某点的梯度$\nabla L(w,b)=\left(\dfrac{\partial L}{\partial \boldsymbol{w}},\dfrac{\partial L}{\partial b}\right)$是一个由各个分量的偏导数构成的向量，负梯度方向是 $L(\boldsymbol{w},b)$ 减小最快的方向。

二维情况下函数 $f(x)$ 的梯度如图 1-9 所示（为了方便，下面推导过程均假设是在二维情况下）。

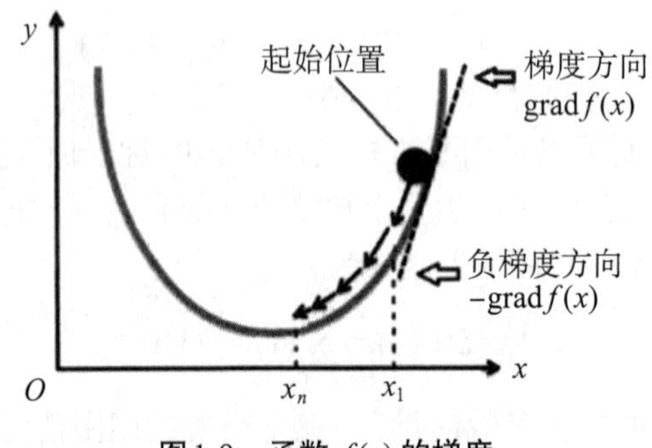

图 1-9　函数 $f(x)$ 的梯度

如图 1-9 所示，当需要求 $f(x)$ 的最小值时，我们就可以先任意选取一个函数的初始点 x_0，让其沿着图中负梯度方向移动，依次到 $x_1,x_2,\cdots,x_n$，这样就可最快到达极小值点。

（3）梯度下降法的推导

先将 $f(x)$ 在 $x=x_k$ 处进行一阶泰勒展开，即

$$f(x)\approx f(x_k)+\nabla f(x_k)(x-x_k)$$

再取 $x=x_{k+1}$，得

$$f(x_{k+1})\approx f(x_k)+\nabla f(x_k)(x_{k+1}-x_k)$$

整理得

$$f(x_{k+1})-f(x_k)\approx \nabla f(x_k)(x_{k+1}-x_k)$$

又因为要使 $f(x)$ 下降，使得 $f(x_{k+1})\leqslant f(x_k)$ 恒成立；结合上式即等价于要使 $\nabla f(x_k)(x_{k+1}-x_k)$恒成立。

显然，当我们取

$$x_{k+1}-x_k=-\lambda\nabla f(x_k)$$

即

$$x_{k+1}=x_k-\lambda\cdot\nabla f(x_k)$$

时，上面的等式是恒成立的。

（4）梯度下降法过程

输入：目标函数 $f(x)$，每一次的迭代步长为 λ，计算精度为 ε。

输出：$f(x)$ 的极小值点 x^*。

步骤如下。

第1步：任取初始值 x_0，即置 $k=0$。

第2步：计算 $f(x)$ 在 x_k 处的函数值 $f(x_k)$ 和 $f(x)$ 在 x_k 处的梯度值 $\nabla f(x)|_{x=x_k}=\nabla f(x_k)$。

第3步：若 $|\nabla f(x_k)|<\varepsilon$，则停止迭代，极小值点为 $x^*=x_k$。

第4步：置 $x_{k+1}=x_k-\lambda\cdot\nabla f(x_k)$，计算 $f(x_{k+1})$。

第5步：若 $|f(x_{k+1})-f(x_k)|<\varepsilon$ 或 $|x_{k+1}-x_k|<\varepsilon$ 时，停止迭代，极小值点为 $x^*=x_{k+1}$。

第6步：否则，置 $k=k+1$，转到第2步。

对于多维情况，如上面的损失函数 $L(\boldsymbol{w},b)$，利用梯度下降法求解的步骤也是如此，只不过每次求解时，上述过程中的梯度应换成各自的偏导数。

上面的过程称为批量梯度下降法。

（5）随机梯度下降法

从上述过程可知，在梯度下降法的迭代中，除梯度值本身的影响外，每一次取的步长 λ 也很关键：步长值取得越大，收敛速度就越快，但是带来的可能后果就是容易越过函数的最优点，导致发散；步长值取得太小时，算法的收敛速度又会明显降低。因此，我们希望找到一种比较好的平衡方法。

另外，当目标函数不是凸函数时，使用梯度下降法求得的结果可能只是某个局部最优点，因此我们还需要一种机制，避免优化过程陷入局部最优。

为解决上述两个问题，引入了随机梯度下降法。随机梯度下降法原理与批量梯度下降法原理相同，只不过做了如下两个小的改进。

- 将固定步长 λ 改为动态步长 λ_k，具体动态步长如何确定可参见下文随机梯度下降法的过程，这样做可保证每次迭代的步长都是最佳的。
- 引入随机样本抽取方式，即每次迭代只是随机取了训练集中的一部分样本数据进行梯度计算。这样做虽然在某种程度上会稍微降低优化过程的收敛速度并导致最后得到的最优点可能只是全局最优点的一个近似，但却可以有效避免陷入局部最优的情况（因为批量梯度下降法每次都使用全部数据，一旦到了某个局部极小值点可能就停止更新了；而随机梯度下降法由于每次都是随机取部分数据，所以就算到了局部极小值点，在下一步也还是可以跳出的）。

两者的关系可以这样理解：随机梯度下降法以损失很小的一部分精确度和增加一定数量的迭代次数为代价，保证了迭代结果的有效性。

（6）随机梯度下降法过程

输入：目标函数 $f(x)$，计算精度 ε。

输出：$f(x)$ 的极小值点 x^*。

步骤如下：

第1步：任取初始值 x_0，即置 $k=0$。

第2步：计算 $f(x)$ 在 x_k 处的函数值 $f(x_k)$ 和 $f(x)$ 在 x_k 处的梯度值 $\nabla f(x)|_{x=x_k}=\nabla f(x_k)$。

第3步：若 $|\nabla f(x_k)|<\varepsilon$，则停止迭代，极小值点为 $x^*=x_k$。

第4步：否则求解最优化问题 $\min f(x_k-\lambda_k\cdot\nabla f(x_k))$，得到第 k 轮的迭代步长 λ_k；再置 $x_{k+1}=x_k-\lambda_k\cdot\nabla f(x_k)$，计算 $f(x_{k+1})$。

第5步：当 $|f(x_{k+1})-f(x_k)|<\varepsilon$ 或 $|x_{k+1}-x_k|<\varepsilon$ 时，停止迭代，极小值点为 $x^*=x_{k+1}$。

第6步：否则，置 $k=k+1$，转到第2步。

（二）牛顿法

（1）牛顿法介绍

牛顿法也是求解无约束最优化问题的常用方法，最大的优点是收敛速度快。

（2）牛顿法的推导

将目标函数 $f(x)$ 在 $x=x_k$ 处进行二阶泰勒展开，可得

$$f(x)\approx f(x_k)+\nabla f(x_k)(x-x_k)+\frac{1}{2}\nabla^2 f(x_k)(x-x_k)^2$$

因为目标函数 $f(x)$ 有极值的必要条件是在极值点处一阶导数为0，即 $f'(x)=0$，所以对上面的展开式两边同时求导［注意，x 是变量，x_k 是常量，$f(x_k)$、$\nabla f(x_k)$ 和 $\nabla^2 f(x_k)$ 都是常量］，并令 $f'(x)=0$，可得

$$f'(x)=\nabla f(x_k)+\nabla^2 f(x_k)(x-x_k)=0$$

取 $x=x_{k+1}$，可得

$$\nabla f(x_k)+\nabla^2 f(x_k)(x_{k+1}-x_k)=0$$

整理后得到

$$x_{k+1}=x_k-\nabla^2 f(x_k)^{-1}\cdot\nabla f(x_k) \tag{1-4}$$

式（1-4）中，$\nabla f(x)$ 是关于未知变量 $x^{(1)},x^{(2)},\cdots,x^{(N)}$ 的梯度矩阵表达式，即

$$\nabla f(x)=\begin{bmatrix}\dfrac{\partial f}{\partial x^{(1)}}\\ \dfrac{\partial f}{\partial x^{(2)}}\\ \vdots\\ \dfrac{\partial f}{\partial x^{(N)}}\end{bmatrix}$$

$\nabla^2 f(x)$ 是关于未知变量 $x^{(1)},x^{(2)},\cdots,x^{(N)}$ 的Hessen矩阵表达式，一般记作 $H(f)$，即

$$\vec{H}(f)=\nabla^2 f(x)=\begin{bmatrix} \frac{\partial^2 f}{\partial x^{(1)^2}} & \frac{\partial^2 f}{\partial x^{(1)}\partial x^{(2)}} & \cdots & \frac{\partial^2 f}{\partial x^{(1)}\partial x^{(N)}} \\ \frac{\partial^2 f}{\partial x^{(2)}\partial x^{(1)}} & \frac{\partial^2 f}{\partial x^{(2)^2}} & \cdots & \frac{\partial^2 f}{\partial x^{(2)}\partial x^{(N)}} \\ \vdots & \vdots & \ddots & \vdots \\ \frac{\partial^2 f}{\partial x^{(N)}\partial x^{(1)}} & \frac{\partial^2 f}{\partial x^{(N)}\partial x^{(2)}} & \cdots & \frac{\partial^2 f}{\partial x^{(N)^2}} \end{bmatrix}$$

（3）牛顿法的过程

输入：目标函数 $f(x)$，计算精度 ε。

输出：$f(x)$ 的极小值点 x^*。

步骤如下。

第1步：任取初始值 x_0，即置 $k=0$。

第2步：计算 $f(x)$ 在 x_k 处的函数值 $f(x_k)$，$f(x)$ 在 x_k 处的梯度值 $\nabla f(x)|_{x=x_k}=\nabla f(x_k)$，$f(x)$ 在 x_k 处的Hessen矩阵值 $\nabla^2 f(x_k)$。

第3步：若 $-\nabla^2 f(x_k)^{-1}\cdot\nabla f(x_k)<\varepsilon$，则停止迭代，极小值点为 $x^*=x_k$。

第4步：置 $x_{k+1}=x_k-\nabla^2 f(x_k)^{-1}\nabla f(x_k)$，计算 $f(x_{k+1})$。

第5步：当 $|f(x_{k+1})-f(x_k)|<\varepsilon$ 或 $|x_{k+1}-x_k|<\varepsilon$ 时，停止迭代，极小值点为 $x^*=x_{k+1}$。

第6步：否则，置 $k=k+1$，转到第2步。

现在可以回答开始时的那个问题了，即为什么牛顿法收敛速度比梯度下降法快？

从本质上看，牛顿法是二阶收敛，梯度下降是一阶收敛，所以牛顿法更快。

通俗地讲，比如你想找一条最短的路径走到一个盆地的底部，梯度下降法是每次从你当前所处位置选一个坡度最大的方向走一步；而牛顿法在选择方向时，不仅会考虑坡度是否够大，还会考虑你走了一步之后，坡度是否会变得更大。也就是说，牛顿法比梯度下降法看得更远一点，因此能更快地走到底部。

或者从几何上说，牛顿法就是用一个二次曲面去拟合当前所处位置的局部曲面，而梯度下降法是用一个平面去拟合当前的局部曲面。通常情况下，二次曲面的拟合会比平面更好，所以牛顿法选择的下降路径更符合真实的最优下降路径。

（4）阻尼牛顿法

牛顿法有一个问题：当初始点 x_0 远离极小值点时，牛顿法可能不收敛。原因之一是牛顿方向 $d=-\nabla^2 f(x_k)^{-1}\cdot\nabla f(x_k)$ 不一定是下降方向，经迭代，目标函数值可能上升。此外，即使目标函数值是下降的，得到的点 x_{k+1} 也不一定是沿牛顿方向最好的点或极小值点。因此人们提出阻尼牛顿法对牛顿法进行修正。

阻尼牛顿法在牛顿法的基础上增加了动态步长因子 λ_k，相当于增加了一个沿牛顿方向的一维搜索。阻尼牛顿法的迭代过程如下。

（5）阻尼牛顿法的过程

输入：目标函数 $f(x)$，计算精度 ε。

输出：$f(x)$ 的极小值点 x^*。步骤如下。

第1步：任取初始值 x_0，即置 $k=0$。

第2步：计算 $f(x)$ 在 x_k 处的函数值 $f(x_k)$，$f(x)$ 在 x_k 处的梯度值 $\nabla f(x)|_{x=x_k}=\nabla f(x_k)$，$f(x)$ 在 x_k 处的Hessen矩阵值 $\nabla^2 f(x_k)$。

第3步：若 $-\nabla^2 f(x_k)^{-1}\nabla f(x_k)<\varepsilon$，则停止迭代，极小值点为 $x^*=x_k$。

第4步：否则求解最优化问题 $\min f(x_k-\lambda_k\cdot\nabla^2 f(x_k)^{-1}\nabla f(x_k))$，得到第 k 轮的迭代步长 λ_k；再置 $x_{k+1}=x_k-\nabla^2 f(x_k)^{-1}\nabla f(x_k)$，计算 $f(x_{k+1})$。

第5步：当 $|f(x_{k+1})-f(x_k)|<\varepsilon$ 或 $|x_{k+1}-x_k|<\varepsilon$ 时，停止迭代，极小值点为 $x^*=x_{k+1}$。

第6步：否则，置 $k=k+1$，转到第2步。

（三）拟牛顿法

（1）概述

牛顿法的优势是收敛较快，但是从上面的迭代式中可以看到，每一次迭代都必须计算Hessen矩阵的逆矩阵，当函数中含有的未知变量个数较多时，这个计算量是比较大的。为了克服这一缺点，人们提出用一个更简单的式子去近似拟合式子中的Hessen矩阵，这就有了拟牛顿法。

（2）拟牛顿法的推导

先将目标函数在 $x=x_{k+1}$ 处展开，得到

$$f(x)\approx f(x_{k+1})+\nabla f(x_{k+1})(x-x_{k+1})+\frac{1}{2}\nabla^2 f(x_{k+1})(x-x_{k+1})^2$$

两边同时取梯度，得：

$$\nabla f(x)=\nabla f(x_{k+1})+\nabla^2 f(x_{k+1})(x-x_{k+1})$$

取 $x=x_k$，得

$$\nabla f(x_k)=\nabla f(x_{k+1})+\nabla^2 f(x_{k+1})(x_k-x_{k+1})$$

即

$$\nabla^2 f(x_{k+1})(x_{k+1}-x_k)=\nabla f(x_{k+1})-\nabla f(x_k)$$

记

$$p_k=x_{k+1}-x_k$$
$$q_k=\nabla f(x_{k+1})-\nabla f(x_k)$$

则有

$$\nabla^2 f(x_{k+1})p_k=q_k$$

推出

$$p_k=\nabla^2 f(x_{k+1})^{-1}q_k \tag{1-5}$$

式（1-5）称为“拟牛顿条件”，这样，每次计算出 p_k 和 q_k 后，就可以根据式（1-5）估计出Hessen矩阵的逆矩阵表达式 $\nabla^2 f(x_{k+1})^{-1}$。

第二章 线 性 回 归

第一节 问 题 引 入

回归分析是一种预测性建模技术，主要用来研究因变量（ y_i ）和自变量（ x_i ）之间的关系，通常被用于预测分析、时间序列等。

简单来说，回归分析就是使用曲线（直线是曲线的特例）或曲面来拟合某些已知的数据点，使数据点离曲线或曲面的距离差异达到最小。有了这样的回归曲线或者曲面后，我们就可以对新的自变量进行预测，即每次输入一个自变量后。根据该回归曲线或曲面，我们就可以得到一个对应的因变量，从而达到预测的目的。

以二维数据为例，假设有一个房价数据见表2-1所列。

表2-1 房价数据

编号	面积/m²	售价/万元
1	85	300
2	100	380
3	120	450
4	125	500
5	150	600
……	……	……

将上面的数据可视化后可以得到图2-1。

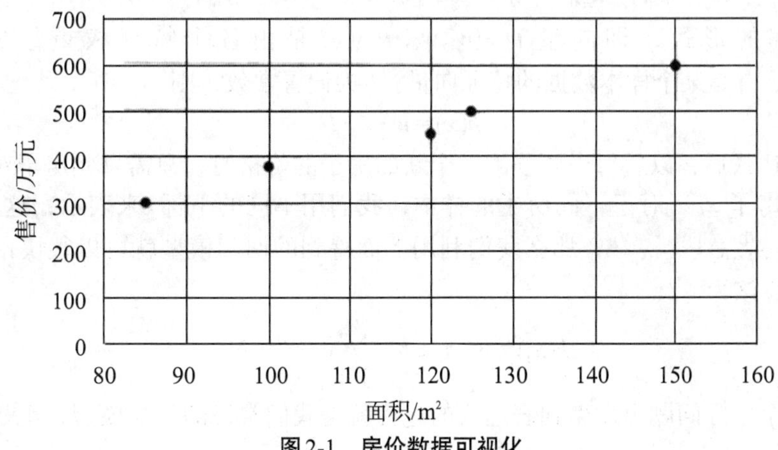

图2-1 房价数据可视化

假设特征（横轴）和结果（纵轴）满足线性关系，则线性回归的目标就是用一条线去拟合这些样本点。有了这条趋势线后，当新的样本数据进来时（即给定横轴值），我们就可以很快定位到它的结果值（即给定的横轴值在预测直线上对应的纵轴值），从而实现对样本点的预测，如图2-2所示。

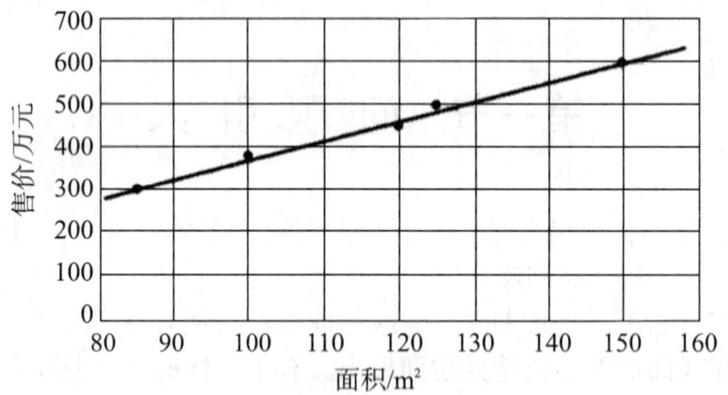

图2-2　线性回归模型拟合数据

第二节　线性回归模型

一、模型建立

假设我们用 $x^{(1)},x^{(2)},\cdots,x^{(N)}$ 去代表影响房子价格的各个因素。例如，$x^{(1)}$ 代表房间的面积，$x^{(2)}$ 代表房间的朝向，$x^{(N)}$ 代表地理位置，房子的价格为 $h(\boldsymbol{x})$；显然，房子价格 $h(\boldsymbol{x})$ 是一个由变量 $x^{(1)},x^{(2)},\cdots,x^{(N)}$ 共同决定的函数，而这些不同因素对一套房子价格的影响是不同的，所以我们可以给每项影响因素 $x^{(j)}$ 赋予一个对应的权重 w_j，由此我们可以得到因变量 $h(\boldsymbol{x})$ 关于自变量 $x^{(1)},x^{(2)},\cdots,x^{(N)}$ 的函数表达式：

$$h(\boldsymbol{x})=w_1x^{(1)}+w_2x^{(2)}+\cdots+w_jx^{(j)}+\cdots+w_Nx^{(N)}+b$$

写成矩阵的形式，即向量 $\boldsymbol{w}=(w_1,w_2,\cdots,w_N)$ 是由各个特征权重组成的；向量 $\boldsymbol{x}=(x^{(1)},x^{(2)},\cdots,x^{(N)})$ 是某个样本数据的特征向量；b 为偏置常数，则

$$h(\boldsymbol{x})=\boldsymbol{w}\cdot\boldsymbol{x}+b$$

得到该表达式后，以后每当要预测一个新的房子的价格时，只需拿到房子对应的特征即可。比如某套房子 $\boldsymbol{x}_i$（对于不同房子的样本，我们用不同的下标 i 来表示，这里 i=1,2,3,⋯,M），其特征为 $x_i^{(1)},x_i^{(2)},\cdots,x_i^{(N)}$，那么我们利用上面得到的回归模型就可以很快预测出该套房子大概的售价应该为

$$h(\boldsymbol{x}_i)=\boldsymbol{w}\cdot\boldsymbol{x}_i+b=\sum_{j=1}^{M}w_jx_j^{(j)}+b$$

这种从一个实际问题出发得到表达式的过程就是我们常说的建立模型，也是机器学习的第一步“模型”。

细心的读者应该发现了一个问题，那就是上面式子中的权重系数 $w_j,j=1,2,\cdots,N$ 和偏置常数b不是还没确定吗？是的，所谓机器学习，实际上就是从过去的经验中学习出这些权重系数 w_j 和偏置常数b各自取多少时可以使得该回归模型对后面的房子售价的预测准确度更高。在该场景下，“过去的经验”指的就是过去的房屋的交易数据。怎样从过去的数据中学习出模型中的未知参数就是下面要讲的“策略”。

二、策略确定

假设我们现在拥有一份数据，该数据包含了N套房子过去的交易情况：

$$T=\{(\boldsymbol{x}_1,y_1),(\boldsymbol{x}_2,y_2),\cdots,(\boldsymbol{x}_M,y_M)\} \tag{2-1}$$

式中，$\boldsymbol{x}_i,i=1,2,\cdots,M$ 表示第i套房子，每套房子包含N项特征 $x_i^{(1)},x_i^{(2)},\cdots,x_i^{(N)}$，对应的价格为 $\vec{y}_i,i=1,2,\cdots,M$ 。

对于回归问题，我们采用的策略是使用最小均方误差损失来描述模型的好坏，即

$$L(\boldsymbol{w},b)=\frac{1}{2}\sum_{i=1}^{M}\left[h(\boldsymbol{x}_i;\boldsymbol{w};b)-y_i\right]^2 \tag{2-2}$$

式中，$h(\boldsymbol{x}_i;\boldsymbol{w};b)$ 是对样本数据 $\boldsymbol{x}_i$ 的预测值；y_i 是样本数据 $\boldsymbol{x}_i$ 的实际值；样本总数为M；$\boldsymbol{w}=(w_1,w_2,\cdots,w_N)$ 是各个特征权重组成的向量，b为偏置常数。当上面的损失函数 $L(\boldsymbol{w},b)$ 取最小值时，意味着所有样本的预测值与实际值之间的差距是最小的。这时候就意味着模型的预测效果是最好的。

所以我们的策略就是最小化上面的损失函数 $L(\boldsymbol{w},b)$，即

$$\min_{w,b} L(\boldsymbol{w},b)=\min_{w}\frac{1}{2}\sum_{i=1}^{M}\left[h(\boldsymbol{x}_i;\boldsymbol{w};b)-y_i\right]^2$$

通过求解上面的最优化问题，我们可以得到其中的待定参数 $w_j,j=1,2,\cdots,N$ 和偏置常数b的值。而求解的过程就是下文要介绍的“算法”。

三、算法求解

对于上面的优化问题，可以使用最常用的梯度下降法求解，对损失函数求偏导数，公式为

$$\begin{aligned}\frac{\partial}{\partial \boldsymbol{w}}L(\boldsymbol{w},b)&=\frac{\partial}{\partial \boldsymbol{w}}\left[\frac{1}{2}\sum_{i=1}^{M}\left[h(\boldsymbol{x}_i;\boldsymbol{w};b)-y_i\right]^2\right]\\&=\sum_{i=1}^{M}\left[h(\boldsymbol{x}_i;\boldsymbol{w};b)-y_i\right]\frac{\partial}{\partial w}\left[h(\boldsymbol{x}_i;\boldsymbol{w};b)-y_i\right]\\&=\sum_{i=1}^{M}(\boldsymbol{w}\cdot\boldsymbol{x}_i+b-y_i)\frac{\partial}{\partial w}(\boldsymbol{w}\cdot\boldsymbol{x}_i+b-y_i)\\&=\sum_{i=1}^{M}(\boldsymbol{w}\cdot\boldsymbol{x}_i+b-y_i)\boldsymbol{x}_i\end{aligned}$$

$$\frac{\partial}{\partial b}L(\boldsymbol{w},b)=\frac{\partial}{\partial \boldsymbol{w}}\left[\frac{1}{2}\sum_{i=1}^{M}\left[h(\boldsymbol{x}_i;\boldsymbol{w};b)-y_i\right]^2\right]$$
$$=\sum_{i=1}^{M}\left[h(\boldsymbol{x}_i;\boldsymbol{w};b)-y_i\right]\frac{\partial}{\partial b}\left[h(\boldsymbol{x}_i;\boldsymbol{w};b)-y_i\right]$$
$$=\sum_{i=1}^{M}(\boldsymbol{w}\cdot\boldsymbol{x}_i+b-y_i)\frac{\partial}{\partial b}(\boldsymbol{w}\cdot\boldsymbol{x}_i+b-y_i)$$
$$=\sum_{i=1}^{M}\boldsymbol{w}\cdot\boldsymbol{x}_i+b-y_i$$

实际中，一般每次随机选取一组数据 (x_i,y_i) 进行更新，所以可得到权重系数向量 $\boldsymbol{w}$ 和偏置常数 b 的更新式为

$$\begin{cases}\boldsymbol{w}\leftarrow\boldsymbol{w}-\eta\cdot\dfrac{\partial}{\partial\boldsymbol{w}}L(\boldsymbol{w},b)=\boldsymbol{w}-\eta(\boldsymbol{w}\cdot\boldsymbol{x}_i+b-y_i)\boldsymbol{x}_i\\ b\leftarrow b-\eta\cdot\dfrac{\partial}{\partial b}L(\boldsymbol{w},b)=b-\eta(\boldsymbol{w}\cdot\boldsymbol{x}_i+b-y_i)\end{cases}\tag{2-3}$$

式中，$0<\eta\leqslant 1$ 是学习率，即学习的步长。这样，通过迭代可以使损失函数 $L(\boldsymbol{w},b)$ 以较快的速度不断减小，直至满足要求。

四、线性回归模型流程

输入：训练集 $T=\{(\boldsymbol{x}_1,y_1),(\boldsymbol{x}_2,y_2),\cdots,(\boldsymbol{x}_N,y_N)\}$，学习率 η。

输出：线性回归模型 $h(\boldsymbol{x})=\boldsymbol{w}\cdot\boldsymbol{x}_i+b$。

步骤如下。

第1步：选取初值向量 $\boldsymbol{w}$ 和偏置常数 b。

第2步：在训练集中随机选取数据 (x_i,y_i)，进行更新。

$$\boldsymbol{w}\leftarrow\boldsymbol{w}-\eta(\boldsymbol{w}\cdot\boldsymbol{x}_i+b-y_i)\boldsymbol{x}_i$$
$$b\leftarrow b-\eta(\boldsymbol{w}\cdot\boldsymbol{x}_i+b-y_i)$$

第3步：重复第2步，直至模型满足训练要求。

第三节　线性回归的scikit-learn实现

在scikit-learn中，线性回归模型对应的是linear_model.LinearRegression类。除此之外，还有基于L1正则化的Lasso回归（lasso regression），基于L2正则化的岭回归（ridge regression），以及基于L1和L2正则化融合的Lasso Net回归（elasticnet regression），在scikit-learn中对应的分别是linear_model.Lasso类、linear model.Ridgo类和linear_model.ElasticNet类，下面逐一介绍。

一、普通线性回归

普通线性回归的原理如上面所述，在scikit-learn中通过linear model.LinearRegression类实现。下面介绍该类的主要参数和方法。

scikit-learn实现如下：

```
class sklearn.linear_model.LinearRegression(fit_intercept=True,
                                           normalize=False, n_jobs=1)
```

参数

- fit_intercept：选择是否计算偏置常数b，默认是True，表示计算。
- normalize：选择在拟合数据前是否对其进行归一化，默认为False，表示不进行归一化。
- n_jobs：指定计算机并行工作时的CPU核数，默认是1。如果选择-1，则表示使用所有可用的CPU核。

属性

- coef_：用于输出线性回归模型的权重向量$\boldsymbol{w}$。
- intercept_：用于输出线性回归模型的偏置常数b。

方法

- fit(X_train,y_train)：在训练集(X_train,y_train)上训练模型。
- score(X_test,y_test)：返回模型在测试集(X_test,y_test)上的预测准确率，计算公式为

$$score = 1 - \frac{\sum(y_i - \hat{y}_i)^2}{\sum(y_i - \hat{y})^2}$$

上述计算在测试集上进行，其中，y_i表示测试集样本x_i对应的真值，$\hat{y}_i$为测试集样本$\boldsymbol{x}_i$对应的预测值，$\hat{y}$为测试集中所有样本对应的真值y_i的平均；$score$是一个小于1的值，也可能为负值，其值越大表示模型预测性能越好。

- predict(X)：用训练好的模型来预测待预测数据集X，返回数据为预测集对应的预测结果$\hat{y}$。

二、Lasso回归

Lasso回归就是在基本的线性回归的基础上加上一个L1正则化项。前面讲过，L1正则化的主要作用是使各个特征的权重w_j尽量接近0，从而在某种程度上达到一种特征变量选择的效果。

$$\alpha\|\boldsymbol{w}\|_1, \alpha \geqslant 0$$

Lasso回归在scikit-learn中是通过linear_model.Lasso类实现的，下面介绍该类的主要参数和方法。

scikit-learn实现如下：

```
class sklearn.linear_model.Lasso(alpha=1.0,
                                 fit_intercept=True,
                                 normalize=False,
                                 precompute=False,
                                 max_iter=1000,
                                 tol=0.0001,
                                 warm_start=False,
                                 positive=False,
                                 selection='cyclic')
```

参数

- alpha：L1正则化项前面带的常数调节因子。
- fit_intercept：选择是否计算偏置常数 b，默认为True，表示计算。
- normalize：选择在拟合数据前是否对其进行归一化，默认为False，表示不进行归一化。
- precompute：选择是否使用预先计算的Gram矩阵来加快计算，默认为False。
- max_iter：设定最大迭代次数，默认为1 000。
- tol：设定判断迭代收敛的阈值，默认为0.000 1。
- warm_start：设定是否使用前一次训练的结果继续训练，默认为False，表示每次从头开始训练。
- positive：默认为False；如果为True，则表示强制所有权重系数为正值。
- selection：每轮迭代时选择哪个权重系数进行更新，默认为cyclic，表示从前往后依次选择；如果设定为random，则表示每次随机选择一个权重系数进行更新。

属性

- coef_：用于输出线性回归模型的权重向量 $\boldsymbol{w}$ 。
- intercept_：用于输出线性回归模型的偏置常数 b。
- n_iter_：用于输出实际迭代的次数。

方法

- fit(X_train,y_train)：在训练集（X_train,y_train）上训练模型。
- score(X_test,y_test)：返回模型在测试集（X_test,y_test）上的预测准确率。
- predict(X)：用训练好的模型来预测待预测数据集X，返回数据为预测集对应的预测结果。

三、岭回归

岭回归就是在基本的线性回归的基础上加上一个L2正则化项。前面讲过，L2正则化的主要作用是使各个特征的权重 w_i 尽量衰减，从而在某种程度上达到一种特征变量选择的效果。

$$\alpha\|\boldsymbol{w}\|_2^2,\alpha\geqslant 0$$

岭回归在scikit-learn中是通过linear_model.Ridge类实现的。下面介绍该类的主要参数和方法。

scikit-learn实现如下：

```
class sklearn.linear_model.Ridge(alpha=1.0,
                                 fit_intercept=True,
                                 normalize=False,
                                 max_iter=None,
                                 tol=0.001,
                                 solver='auto')
```

参数

- alpha：L2正则化项前面带的常数调节因子。
- fit_intercept：选择是否计算偏置常数 b，默认为True，表示计算。

- normalize：选择在拟合数据前是否对其进行归一化，默认为False，表示不进行归一化。
- max_iter：设定最大迭代次数，默认为1 000。
- tol：设定判断迭代收敛的阈值，默认为0.001。
- solver：指定求解最优化问题的算法，默认为auto，表示自动选择，其他可选项如下。
  svd：使用奇异值分解来计算回归系数。
  cholesky：使用标准的scipy.linalg.solve函数来求解。
  sparse_cg：使用scipy.sparse.linalg.cg中的共轭梯度求解器求解。
  lsqr：使用专门的正则化最小二乘法scipy.sparse.linalg.lsqr，速度是最快的。
  sag：使用随机平均梯度下降法求解。

属性

- coef_：用于输出线性回归模型的权重向量 $\boldsymbol{w}$ 。
- intercept_：用于输出线性回归模型的偏置常数 b。
- n_iter_：用于输出实际迭代的次数。

方法

- fit(X_train,y_train)：在训练集（X_train,y_train）上训练模型。
- score(X_test,y_test)：返回模型在测试集（X_test,y_test）上的预测准确率。
- predict(X)：用训练好的模型来预测待预测数据集X，返回数据为预测集对应的预测结果 $\hat{y}$ 。

四、Elastic Net回归

Elastic Net回归（弹性网络回归）是将L1和L2正则化进行融合，即在基本的线性回归中加入下面的混合正则化项：

$$\alpha\rho\|\boldsymbol{w}\|_1+\frac{\alpha(1-\rho)}{2}\|\boldsymbol{w}\|_2^2,\quad \alpha\geqslant 0,1\geqslant\rho\geqslant 0 \tag{2-3}$$

scikit-learn实现如下：

```
class sklearn.linear_model.ElasticNet(alpha=1.0,
                                      l1_ratio=0.5,
                                      fit_intercept=True,
                                      normalize=False,
                                      precompute=False,
                                      max_iter=1000,
                                      tol=0.0001,
                                      warm_start=False,
                                      positive=False,
                                      selection='cyclic')
```

参数

- alpha：L1正则化项前面带的常数调节因子。
- l1_ratio：l1_ratio参数就是式（2-3）中的 ρ 值，默认为0.5。
- fit_intercept：选择是否计算偏置常数 b，默认为True，表示计算。
- normalize：选择在拟合数据前是否对其进行归一化，默认为False，表示不进行归一化。
- precompute：选择是否使用预先计算的Gram矩阵来加快计算，默认为False。

- max_iter：设定最大迭代次数，默认为1 000。
- tol：设定判断迭代收敛的阈值，默认为0.000 1。
- warm_start：设定是否使用前一次训练的结果继续训练，默认为False，表示每次从头开始训练。
- positive：默认为False；如果为True，则表示强制所有权重系数为正值。
- selection：每轮迭代时选择哪个权重系数进行更新，默认为cyclic，表示从前往后依次选择；如果设定为random，则表示每次随机选择一个权重系数进行更新。

属性

- coef_：用于输出线性回归模型的权重向量 $\boldsymbol{w}$ 。
- intercept_：用于输出线性回归模型的偏置常数 b。
- n_iter_：用于输出实际迭代的次数。

方法

- fit(X_train,y_train)：在训练集（X_train,y_train）上训练模型。
- score(X_test,y_test)：返回模型在测试集（X_test,y_test）上的预测准确率。
- predict(X)：用训练好的模型来预测待预测数据集X，返回数据为预测集对应的预测结果 $\hat{y}$ 。

第三章　朴素贝叶斯

第一节　贝叶斯定理

贝叶斯网络最早由英国数学家托马斯·贝叶斯于1764年提出，贝叶斯网络中的概率与传统基于频率的先验概率有很大的不同，因而被提出后很长一段时间都未被普遍接受。直到20世纪，信息论和统计决策理论的发展推动了贝叶斯网络进一步发展。20世纪中后期，随着人工智能的发展，对贝叶斯网络的理论研究愈加广泛，研究领域涵盖了网络的结构学习、参数学习、因果推理、不确定知识表达等，每年关于贝叶斯网络和应用的论文层出不穷，也出现了专门研究贝叶斯网络的学术组织和学术刊物。

贝叶斯网络的特点是用概率表示不确定性，用概率规则表示推理或学习，用随机变量的概率分布表示推理或学习的最终结果。

先验概率：在实验前根据以往的数据分析得到的事件发生概率。

后验概率：利用贝叶斯定理和实验的信息对先验概率做出修正后的概率。

全概率公式：设 $y_1,y_2,\cdots,y_n$ ，是两两互斥的事件，且 $p(y_i)>0,i=1,2,\cdots,n,y_i\in\Omega$ 。另有一事件 $x=xy_1+xy_2+\cdots+xy_m$ ，则有

$$p(x)=\sum_i p(x|y_i)p(y_i)$$

可以将 y_i 视作原因，x 视作结果，结果的发生有多种原因。

贝叶斯公式：假设 x 和 y 分别是样本属性和类别，$p(x,y)$ 表示它们的联合概率，$p(x|y)$ 和 $p(y|x)$ 表示条件概率，其中，$p(y|x)$ 是后验概率，而 $p(y)$ 为 y 的先验概率，x、y 的联合概率和条件概率满足

$$p(x,y)=p(y|x)p(x)=p(x|y)p(y)$$

变换后得到贝叶斯公式

$$p(y|x)=\frac{p(x|y)p(y)}{p(x)} \tag{3-1}$$

式（3-1）称为贝叶斯定理，它提供了从先验概率 $p(y)$ 计算后验概率 $p(y|x)$ 的方法。在样本分类时，利用训练样本可以计算出不同类别的后验概率。例如类别 y_i 的先验概率为 $p(y_i)$ ，实验所得的新信息为 $p(x_j|y_i)(i=1,2,\cdots,m;j=1,2,\cdots,n)$ ，则计算样本 x_j 属于类别 y_i 的后验概率

$$p(y_i|x_j)=\frac{p(y_i)p(x_j|y_i)}{p(x_j)}=\frac{p(y_i)p(x_j|y_i)}{\sum_{k=1}^{m}p(x_j|y_k)p(y_k)} \tag{3-2}$$

后验概率 $p(y_i|x_j)$ 最大的类别 y_i 作为样本的分类。

式（3-2）还可表示在事件x已经发生的条件下，找到导致x发生的各个原因的概率。

如果没有任何已有的知识来帮助确定先验概率 $p(y)$，贝叶斯提出使用均匀分布作为其概率分布，即随机变量在其变化范围内取各个值的概率是一定的。这个假设即贝叶斯假设。

第二节　朴素贝叶斯分类模型

朴素贝叶斯分类模型是一种简单的构造分类器的方法。朴素贝叶斯分类模型将问题分为特征向量和决策向量两类，并假设问题的特征变量都是相互独立地作用于决策变量的，即问题的特征之间都是互不相关的。尽管有这样过于简单的假设，但朴素贝叶斯分类模型能指数级降低贝叶斯网络构建的复杂性，同时还能较好地处理训练样本的噪声和无关属性，所以朴素贝叶斯分类模型仍然在很多现实问题中有着高效的应用，例如入侵检测和文本分类等领域。目前，许多研究者在致力于改善特征变量间的独立性的限制使得朴素贝叶斯分类模型可以应用到更多问题上。

假设问题的特性向量为 $\boldsymbol{X}=\{x_1,x_2,\cdots,x_n\}$，并且 $x_1,x_2,\cdots,x_n$ 之间相互独立，那么 $p(x|y)$ 可以分解为多个向量的积，即有

$$p(x|y)=\prod_{i=1}^{n}p(x_i|y)$$

则这个问题就可以由朴素贝叶斯分类器来解决，即

$$p(y|x)=\frac{p(y)\prod_{i=1}^{n}p(x_i|y)}{p(x)} \tag{3-3}$$

式中，$p(x)$ 是常数，先验概率 $p(y)$ 可以通过训练集中每类样本所占的比例进行估计。给定 $Y=y$；如果要估计测试样本x的分类，由朴素贝叶斯分类得到y的后验概率为

$$p(y=Y|x)=\frac{p(y=Y)\prod_{i=1}^{n}p(x_i|y=Y)}{p(x)}$$

因此，最后找到使 $p(y=Y)\prod_{i=1}^{n}p(x_i|y=Y)$ 最大的类别y即可。

从计算分析中可见，$p(x_i|y=Y)$ 的计算是分类关键的一步，这一步的计算视特征属性的不同有不同的计算方法。

（1）对于离散型的特征属性 x_i，可以将类别y中的属性值等于 x_i 的样本比例来进行估计。

（2）对于连续性的特征属性 x_i，通常先将 x_i 离散化，然后计算属于类别y的训练样本落在 x_i 对应离散区间的比例估计 $p(x_i|Y)$。也可以假设 $p(x_i|Y)$ 的概率分布，如正态分布，然后用训练样本估计其中的参数。

（3）而在 $p(x_i|Y)=0$ 的时候，该概率与其他概率相乘的时候会把其他概率覆盖，因此需要引入拉普拉斯（Laplace）修正。做法是对所有类别下的划分计数都加1，从而避免等于0的情况出现，并且在训练集较大时，修正对先验的影响也会降低到可以忽略不计。

综合上述分析，可以归纳出朴素贝叶斯分类模型应用流程的三个阶段，如图3-1所示。

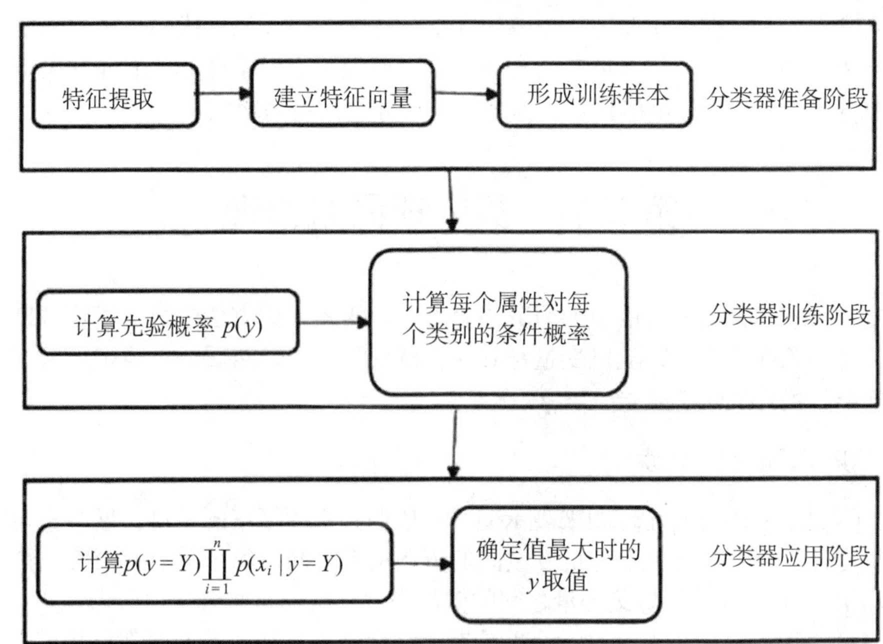

图3-1 朴素贝叶斯分类模型应用流程

① 分类器准备阶段。这一阶段主要是对问题进行特征提取，建立问题的特征向量，并对其进行一定的划分形成训练样本，这些工作主要由人工完成，完成质量对整个分类器的质量有着决定性影响。

② 分类器训练阶段。根据上述公式计算每个类别在训练样本中的出现频率，以及每个特征对每个类别的条件概率，最终获得分类器。

③ 分类器应用阶段。该阶段会将待分配项输入分类器中，利用上述的公式自动进行分类。

朴素贝叶斯分类模型还可以进行提升。提升方法中的关键一步是数据训练集的权重调整过程，权重调整可以通过两种方法实现，分别为重赋权法和重采样法。重赋权法为每个训练集的样本添加一个权重，对于离散型的特征 x_i 而言，计算条件概率 $p(x_i|y)$ 时不再是直接计次，而是对样本的权重进行累加；对于连续性的特征 x_i，权重改变表现为均值的偏移，因此可以通过增大或减小连续属性的值来达到赋权的目的。重采样法适用于不能给样本添加权重的情况。由于初始时是根据相同的概率从训练集中采集数据，现在可以通过权重来调整采集的概率，每次在学习前一个分类器错误的训练数据后，后一个分类器可以根据新的调整后的概率重新在训练样本中采集数据。值得注意的是，由于朴素贝叶斯分类器是基于数据统计的分类器，先验概率预先确定，仅仅通过调整训练样本选择的权重对朴素贝叶斯分类模型的提升效果并不明显。提升方法更常用于决策树、神经网络等分类器中。

朴素贝叶斯分类模型结构简单。由于特征变量间的相互独立，算法简单易于实现。同时算法有稳定的分类效率，对于不同特点的数据集其分类性能差别不大。朴素贝叶斯分类在小规模的数据集上表现优秀，并且分类过程时空开销小。算法也适合增量式训练，在数据量较大时，可以人为划分后分批增量训练。

需要注意的是，由于朴素贝叶斯分类要求特征变量满足条件独立的前提，因此只有在独立性假定成立或在特征变量相关性较小的情况下，才能获得近似最优的分类效果，这也限制了朴素贝叶斯分类的使用。朴素贝叶斯分类模型需要先知道先验概率，而先验概率很多时候不能准确知道，往往使用假设值代替，这也会导致分类误差的增大。

第三节　贝叶斯网络推理

不确定性推理是机器学习的重要研究内容之一。用概率论方法进行不确定性推理的一般流程是首先将问题抽象为一组随机变量与其联合概率分布表，然后根据概率论公式进行推理计算，但这个流程复杂度高。

一、贝叶斯网络的表示

贝叶斯网络是使用有向无环图来表示变量间依赖关系的概率图模型。网络中每个节点表示一个随机变量，每一条边表示随机变量间的依赖关系，同时每个节点都对应一个条件概率表（CPT），用于描述该变量与父变量之间的依赖强度，也就是联合概率分布。

贝叶斯网络可以形式化表示。一个贝叶斯网络由结构G和参数 θ 两部分构成，结构G为有向无环图，图中每一个节点对应一个随机变量。若两个随机变量间有依赖关系，则用一条边将其相连。参数 θ 定量地表示了变量间的依赖关系，例如若变量 x_i 在G中的父变量集为 y_i，则 θ 中有每个变量的条件概率表，即

$$\theta_{x_i|y_i}=p(x_i \mid y_i) \tag{3-4}$$

二、贝叶斯网络的构建

贝叶斯网络的构建一般有三种方式：第一种是根据问题和领域专家知识手动构建，第二种是通过对数据进行分析得到贝叶斯网络，第三种是结合领域专家知识和数据分析得到贝叶斯网络。通过对数据的分析获得贝叶斯网络的过程又称为“贝叶斯网络学习”。这里讨论手动构建贝叶斯网络值得注意的地方。

贝叶斯网络由有向无环图和对应的条件概率表构成，所以手动构建的过程包括确定网络结构和确定网络参数两个环节。确定网络结构通常的流程是确定能描述问题的一组随机变量 $\{x_1,\cdots,x_n\}$，对这组随机变量以某种顺序依次添加到结构G中，每一次在添加 x_i 时，需要确定 x_i 在图中依赖的节点集 $\phi(x_i)$，对 $\phi(x_i)$ 中的节点，添加一条指向 x_i 的有向边。不同的变量添加顺序可能会形成不同的网络结构，一般根据变量间的因果关系确定变量添加顺序，因果关系能使网络结构更简单易懂，条件独立性的检测和变量概率分布的计算也会更容易。网络参数在手动构建时一般通过数据统计分析和领域专家知识获得，常通过假设条件分布具有某种规律以减少网络参数的个数。

三、贝叶斯网络的学习

贝叶斯网络的学习是对数据进行统计分析以获得贝叶斯网络的过程，即条件概率表中的

值，包括参数学习和结构学习。参数学习是在网络结构已知的情况下确定参数；结构学习则既要确定网络结构G，又要确定网络中的参数。

在对贝叶斯网络进行参数学习时，已经确定网络结构以及所有节点或部分节点的状态值，这些状态值就是需要进行学习的数据集。贝叶斯网络的参数学习有最大似然估计和贝叶斯估计两种。

（1）完整数据下的最大似然估计

假设贝叶斯网络中只有一个随机变量x，网络中只有一个独立参数，设为θ，设数据集为$D=\{D_1,D_2,\cdots,D_m\}$。在D给定时，记$L(\theta|D)$为θ的似然函数，有$L(\theta|D)=p(D|\theta)$。α的最大似然估计为$L(\theta|D)$值最大时的θ取值，即有

$$\alpha_{\mathrm{MLE}}=\arg\max_{\alpha}L(\theta|D)$$

假设数据集D中元素是独立同分布的，即有

$$L(\theta|D)=p(D|\theta)=\prod_{i=1}^{m}p(D_i|\theta)$$

并且各个样本数据D_i的$p(D_i\mid\theta)$相同。对似然函数$L(\theta|D)$取对数可得到对数似然函数，即

$$\log_2 L(\theta|D)=\sum_{i=1}^{m}\log_2 p(D_i|\theta)$$

对数似然函数在计算α的最大似然估计时常常更便捷。

将上述定义一般化，对于一个由n个节点组成的贝叶斯网络结构G，即有n个随机变量$\{x_1,\cdots,x_n\}$，设每个变量x_i可能有v_i种取值情况，该变量对应节点的父节点集$\phi(x_i)$有u_i种取值组合，对该节点而言，参数θ可以定义为$\theta_{ijk}=p(x_i=j|\phi(x_i))$，其中$i\in[1,n]$，$j$有$v_i$种取值情况。

对于任意i：

$$\sum_{j=1}^{v_i}\theta_{ij}=\sum_{j=1}^{v_i}p(x_i=j|\phi(x_i))=1$$

（2）完整数据下的贝叶斯估计

最大似然估计认为待估参数为一个固定的值，不考虑先验信息的影响。但考虑一个简单的掷硬币问题，假设有数据集为掷硬币10次，其中9次正面向上，1次反面向上。根据最大似然估计，在第11次掷硬币时，正面向上的概率为9/10，但是根据掷硬币的先验知识，这个概率值应该为1/2。因此，引入贝叶斯估计来处理这类有先验信息的问题。

参数θ为随机变量，需要根据先验信息和数据集来确定其后验概率。贝叶斯估计一般分为两步：第一步确定θ的先验信息$p(\theta)$，这一步有主观和客观两种方法，主观方法是借助专家经验直接确定先验概率，客观方法是通过对历史数据的统计分析得到；第二步是对现有数据集D的影响定量化，可以用似然函数$L(\theta|D)$表示。最后根据贝叶斯公式计算θ的后验概率，即贝叶斯估计：

$$p(\theta|D)\propto p(\theta)L(\theta|D)$$

根据条件概率公式，对贝叶斯估计进行展开：

$$p(\theta|D)=\frac{p(D|\theta)p(\theta)}{p(D)}$$

根据全概率公式：

$$\begin{cases} p(D)=\int_{\theta}p \\ p(\theta|D)=\dfrac{p(D|\theta)p(\theta)}{p(D)}=\dfrac{p(D|\theta)p(\theta)}{\int_{\theta}p} \\ p(D|\theta)=\prod_{i=1}^{m}p(D_i|\theta) \\ p(\theta|D)=\dfrac{p(D|\theta)p(\theta)}{p(D)}=\dfrac{p(D|\theta)p(\theta)}{\int_{\theta}p}=\dfrac{(\prod_{1}^{m}p(D_i|\theta))p(\theta)}{\int_{\theta}(\prod_{n}^{m}p(D_i|\theta))p(\theta)d\theta} \end{cases} \tag{3-5}$$

式（3-5）后的分式中数据都可得到，这样就可以确定参数 θ 的贝叶斯估计。考虑到积分运算的复杂性，引入了贝叶斯估计的最大后验概率，即贝叶斯MAP估计。

$$\theta_{\mathrm{MAP}}=\arg\max_{\theta}(\prod_{i=1}^{m}p(D_i|\theta))p(\theta)$$

先验概率 $p(\theta)$ 的选取是贝叶斯估计关键的一步。在对历史数据进行统计分析时，为计算方便，常选择现有数据似然分布的共轭分布族中的分布。例如在变量只有两个状态时，$L(\theta|D)$ 为二项似然函数，此时可假设先验分布 $p(\theta)$ 满足贝塔分布，因为贝塔分布与二项似然函数同为一个共轭分布族，此时得到的后验分布满足贝塔分布。这样贝叶斯估计的计算会容易很多。在变量状态大于两种时，一般选择乘积狄利克雷分布作为先验分布。

四、推理

（1）贝叶斯网络推理

贝叶斯网络推理是指已知网络结构G和参数 θ ，给定某些证据或变量的值，通过概率论的方法求目标变量值的过程。贝叶斯网络推理主要包括两种：一种为自顶向下的推理，另一种为自底向上的推理。

① 自顶向下的推理表示为已知某些原因推出这些原因导致的结果，所以称为因果推理，又称“预测推理”。这种推理的一般方法是首先对目标变量的条件概率，用其所有因节点的联合概率表示，然后对表达式进行一些变换操作，使得表达式中的所有概率值都可以在参数 Θ 的条件概率表中获得，最后计算目标概率值。

② 自底向上的推理表示为已知某些结果找到导致这些结果出现的原因，称为诊断推理或最大后验概率解释。这一类推理的通常方法是利用贝叶斯公式将问题转化为自顶向下的推理，再按照上述方法解决问题。

推理主要运用的方法有精确推理和近似推理两种。不同情况下有不同因素影响推理，贝叶斯网络拓扑结构和推理任务是两大主要复杂度来源。网络的大小、变量的类型和分布情况、推理任务的类型和相关证据的特征都会影响推理过程和结果，实际应用中也应灵活选择推理方法。

（2）精确推理

精确推理最简单的方法是计算全局的联合概率，但直接对联合概率进行计算效率很低，常常采用变量消元法分别进行联合概率的求解以达到简化计算的目的。变量消元法利用链式乘积法则和条件独立性对联合概率计算表达式进行变换，改变基本运算的次序和消元的次序，最终达到减少计算量的目的。该方法的基本思想可以通过一个简单例子描述，假设有如图3-2所示的简单贝叶斯网络。

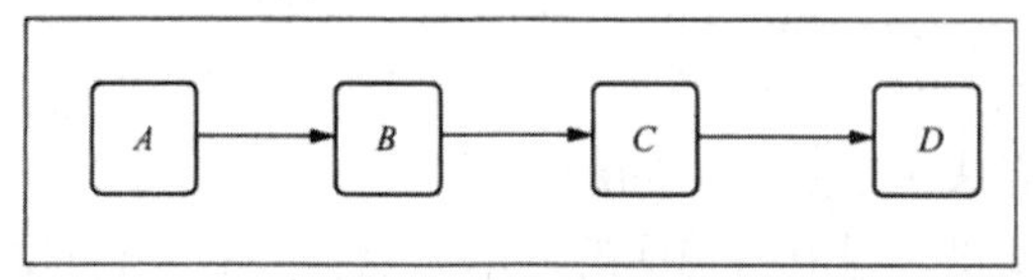

图3-2　简单贝叶斯网络

现需要求 $p(D)$，根据已有知识，可以得到

$$p(D)=\sum_{A,B,C}p(A,B,C,D)=\sum_{A,B,C}p(A)p(B|A)p(C|B)p(D|C) \tag{3-6}$$

现在对式（3-6）做基本运算次序的改变：

$$p(D)=\sum_{C}p(D|C)\sum_{B}p(C|B)\sum_{A}p(A)p(B|A)$$

现在的计算量相比改变次序前已经有了较大的降低。注意，上面简单地改变次序使运算局部化，计算只涉及与某个变量相关的部分，在变量依赖关系复杂的网络中，这种运算局部化可能大大降低运算复杂度。上面过程的变量消元次序为 $\{A,B,C,D\}$，若按照 $\{D,C,B,A\}$ 的次序消元，复杂度就不会得到任何降低。因此，降低复杂度的关键是找到一个最优的变量消元次序。

（3）近似推理

在贝叶斯网络节点很多或依赖关系很复杂时，精确推理的复杂度很高，通常需要降低推理的复杂度。当问题的因果关系在网络中可独立于某一块存在时，可以将这一部分结构提取出来用精确推理的方法推理。在不能利用局部独立时，就需要降低计算的精度，即采用近似推理的方法。

随机抽样算法是最常用的近似推理方法。该方法又称“蒙特卡洛算法”或“随机仿真”。算法的基本思想是根据某种概率分布进行随机抽样以得到一组随机样本，再根据这一组随机样本近似地估计需要计算的值。

第四节　贝叶斯网络的应用

经过长期的发展，贝叶斯网络已被应用到人工智能的众多领域，包括模式识别、数据挖掘、自然语言处理等。针对很多领域核心的分类问题，大量卓有成效的算法都是基于贝叶斯理论设计的。

贝叶斯网络在医疗领域被应用于疾病诊断；在工业领域中，用于工业设备故障检测和性能分析；在军事上被应用于身份识别等各种推理；在生物农业领域，贝叶斯网络在基因连锁分析、农作物推断、兽医诊断、环境分析等都有应用；在金融领域可用于构建风控模型；在企业管理中可用于决策支持；在自然语言处理方面，可用于文本分类、中文分词、机器翻译等。下面以实际案例介绍如何应用贝叶斯网络解决现实问题。

一、中文分词

中文分词是将语句切分为合乎语法和语义的词语序列。一个经典的中文分词例句是“南京市长江大桥”，正确的分词结果为“南京市/长江大桥”，错误的分词结果是“南京市长/江大桥”。可以使用贝叶斯算法来解决这一问题。

设完整的一句话为X，Y为组成该句话的词语集合，共有n个词语，只需找到$p(Y)p(X|Y)$的最大值。由于在任意的分词情况下，都可以由词语序列生成句子，因此可以忽略$p(X|Y)$，找到$p(Y)$的最大值即可。按照联合概率公式对$p(Y)$进行展开，有

$$p(Y)=p(Y_1,Y_2,\cdots,Y_n)=p(Y_1)p(Y_2|Y_1)p(Y_3|Y_1,Y_2)\cdots p(Y_n|Y_1,Y_2,\cdots Y_{n-1})$$

这样的展开子式是呈指数级增长的，并且数据稀疏的问题也会越来越明显，因此假设每个词语只会依赖于词语序列中该词前面出现的k个词语，即k元语言模型（k-gram）。这里假设k=2，于是就有

$$p(Y)=p(Y_1)p(Y_2|Y_1)p(Y_3|Y_2)\cdots p(Y_n|Y_{n-1})$$

回到上面的问题，正常的语料库中，“南京市长”与“江大桥”同时出现的概率一般为0，所以这一分词方式会被舍弃，“南京市/长江大桥”会是最终的分词结果。

二、机器翻译

基于统计的方法是机器翻译常用的实现方式。统计机器翻译问题可以描述为，给定某种源语言的句子X，其可能的目标语言翻译出的句子Y，$p(X|Y)$代表该翻译句子符合人类翻译的程度，因此找到使$p(Y|X)$最大的Y即可。

需要找到使得$p(Y)p(X|Y)$最大的Y。对于$p(Y)$，在中文分词案例中知道可以利用k-gram计算。对于$p(X|Y)$，通常利用一个分词对齐的平行语料库，具体言之，将英文“you and me”翻译为汉语，最佳的对应模式为“你和我”，此时有

$$p(X|Y)=p(\text{you}|\text{你})p(\text{and}|\text{和})p(\text{me}|\text{我})$$

上式中右边各项都可以很容易地计算出，所以可以通过分词对齐的方法计算出$p(X|Y)$的值，最终找到使得$p(Y|X)$最大的Y，便是X最佳的翻译方式。

三、故障诊断

故障诊断是为了找到某种设备中出现故障的部件，在工业领域，自动故障诊断装置能节省一线工作人员大量的预判断时间。基于规则的系统可以被用于故障诊断，但是不能处理不确定性问题，在实际环境中难以灵活应用。贝叶斯网络能较好地描述可能的故障来源，在处理故障诊断等不确定问题上有不凡的表现。研究人员开发出了多种基于贝叶斯网络的故障诊断系统，包括对汽车启动故障的诊断、飞机的故障诊断、核电厂软硬件的故障诊断等。如图3-3所示显示了汽车发动机诊断系统的网络结构。该系统用于诊断汽车无法正常启动的原因，原因有多种，所以可以利用前文提到的诊断推理的方法，找到后验概率最大的故障原因。

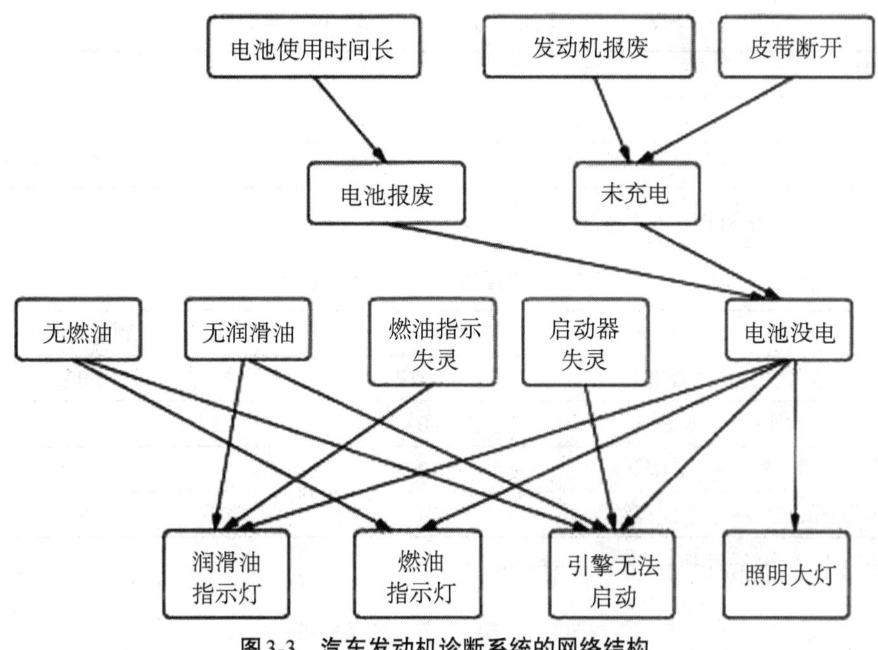

图 3-3　汽车发动机诊断系统的网络结构

四、疾病诊断

疾病诊断是从一系列历史经验和临床检验结果中对病人患有疾病种类和患病程度的判断。机器学习在疾病诊断领域有较多的应用，在20世纪70年代就有基于规则设计的产生式专家系统用于疾病的诊断，但是该类型系统不能处理不确定性问题，因此基于贝叶斯网络设计了新的疾病诊断系统。如图3-4所示展示了一个对胃部疾病建模的简单贝叶斯网络的部分（网络结构与条件概率不一定符合真实情况），这里对贝叶斯网络的应用予以阐释。

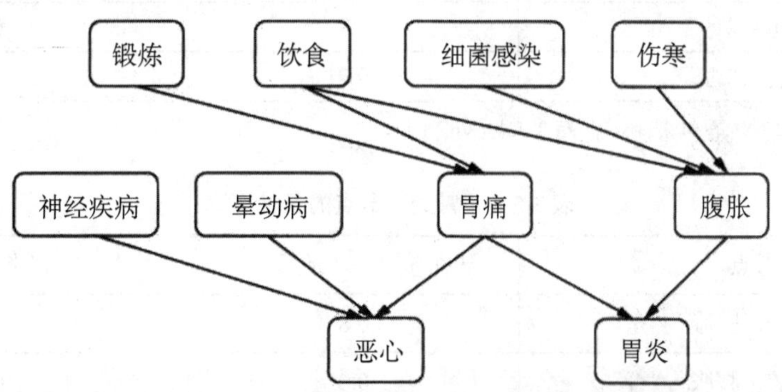

图 3-4　对胃部疾病建模的简单贝叶斯网络的部分

其对应的部分条件概率表见表3-1至表3-5所列。其中“锻炼”与“饮食”节点的条件概率见表3-1所列。

表 3-1 “锻炼”与“饮食”节点的条件概率

节点	概率	节点	概率
锻炼=“是”	0.5	锻炼=“否”	0.5
饮食=“健康”	0.4	饮食=“亚健康”	0.6

“胃痛”节点的条件概率见表 3-2 所列。

表 3-2 “胃痛”节点的条件概率

节点	胃痛=“是”	胃痛=“否”
锻炼=“是”，饮食=“健康”	0.2	0.8
锻炼=“是”，饮食=“亚健康”	0.45	0.55
锻炼=“否”，饮食=“健康”	0.55	0.45
锻炼=“否”，饮食=“亚健康”	0.7	0.3

“腹胀”节点的条件概率见表 3-3 所列。

表 3-3 “腹胀”节点的条件概率

节点	“腹胀” = “是”	“腹胀” = “否”
饮食=“健康”	0.2	0.8
饮食=“亚健康”	0.6	0.4

“恶心”节点的条件概率见表 3-4 所列。

表 3-4 “恶心”节点的条件概率

节点	恶心=“是”	恶心=“否”
胃痛=“是”	0.7	0.3
胃痛=“否”	0.2	0.8

“胃炎”节点的条件概率见表 3-5 所列。

表 3-5 “胃炎”节点的条件概率

节点	胃炎=“是”	胃炎=“否”
胃痛=“是”，腹胀=“是”	0.8	0.2
胃痛=“是”，腹胀=“否”	0.6	0.4
胃痛=“否”，腹胀=“是”	0.4	0.6
胃痛=“否”，腹胀=“否”	0.1	0.9

现在可以利用该贝叶斯网络对患者进行诊断。假设现在只基于给定的条件概率表中已知条件概率的节点进行判断，不考虑未知条件概率的节点。现有患者 A，对其状况毫不知情，需要先判断其是否有“胃痛”症状。该问题即转化为求 p(胃痛 ="是") 的概率。求解过程为：

$x \in \{是,否\}$ 表示锻炼情况的两个取值，$y \in \{健康,亚健康\}$ 表示饮食情况的两个取值，于是有

$$\begin{aligned}
&p(胃痛="是") \\
&=\sum_x\sum_y p(胃痛="是"|锻炼=x,饮食=y)p(锻炼=x,饮食=y) \\
&=0.5\times0.4\times0.2+0.5\times0.6\times0.45+0.5\times0.4\times0.55+0.5\times0.6\times0.7 \\
&=0.495
\end{aligned}$$

因此在没有先验信息情况下患者有“胃痛”症状的可能性为49.5%。

假设病人说明了他有“恶心”的症状，判断其是否有“胃痛”症状，问题转化为求 $p(胃痛="是"|恶心="是")$ 的概率。根据贝叶斯公式，有

$$p(胃痛="是"|恶心="是")=\frac{p(恶心="是",胃痛="是")p(胃痛="是")}{p(恶心="是")}$$

于是需要计算 $p(恶心="是")$，设 $x \in \{是,否\}$ 表示胃痛情况的两个取值，根据全概率公式：

$$\begin{aligned}
p(恶心="是")&=\sum_x p(恶心="是"|胃痛=x)p(胃痛=x) \\
&=0.7\times0.495+0.2\times0.505 \\
&=0.4475
\end{aligned}$$

$$p(胃痛="是"|恶心="是")=\frac{0.7\times0.495}{0.4475}\approx0.774\,3$$

因此，在已知患者有“恶心”症状的情况下，患者有“胃痛”症状的可能性约为77.43%。

上文分别分析了在有先验信息和没有先验信息两种情况下对病人疾病的诊断情况。推而广之，贝叶斯网络在疾病诊断领域的应用还有很多，核心还是贝叶斯网络和条件概率表的学习和推理过程。

第四章 聚类分析

第一节 数据相似性度量

聚类分析的目标是使簇内的数据之间具有很高的相似性，而不同簇的数据之间具有很高的差异性。聚类方法首先面临的问题是如何度量数据间的相似性。数据相似性的一种最直观的理解就是数据之间的“距离”。如果两个数据之间的距离越小，就说明它们越相似；反之，如果两个数据之间的距离越大，就说明它们的差异性越大。差异性的度量和相似性的度量在聚类问题中是等价的，即两个数据间的差异性越大，则相似性越小。

下面介绍几种常用的距离和相似性的度量方法。

一、欧氏距离

两个n维向量$\boldsymbol{\alpha}=(x_{11},x_{12},\cdots,x_{1n})$和$\boldsymbol{\beta}=(x_{21},x_{22},\cdots,x_{2n})$之间的欧氏距离为

$$d=\sqrt{\sum_{k=1}^{n}(x_{1k}-x_{2k})^2} \tag{4-1}$$

或向量运算

$$d=\sqrt{(\boldsymbol{\alpha}-\boldsymbol{\beta})(\boldsymbol{\alpha}-\boldsymbol{\beta})^T} \tag{4-2}$$

二、标准化欧氏距离

标准化欧氏距离根据数据各维分量分布的不同，将各个分量都“标准化”到均值和方差相等。

设样本集X的均值为u，标准差为s，则标准化过程为

$$X^*=\frac{X-u}{s}$$

两个n维向量$\boldsymbol{\alpha}=(x_{11},x_{12},\cdots,x_{1n})$和$\boldsymbol{\beta}=(x_{21},x_{22},\cdots,x_{2n})$之间的标准化欧氏距离为

$$d=\sqrt{\sum_{k=1}^{n}\left(\frac{x_{1k}-x_{2k}}{s_k}\right)^2} \tag{4-3}$$

式（4-3）中，方差的倒数可以看作一种权重，所以标准化欧氏距离本质上是一种加权欧氏距离。

三、曼哈顿距离

曼哈顿距离也称“街区距离”，可以理解为在城市街道中从一个十字路口行走到另一个十字路口要行进的距离，它为一阶范数距离（L1-距离）或城市区块距离，也就是在欧氏空

间的固定直角坐标系上两点所形成的线段对轴产生的投影的距离总和。两个n维向量$\boldsymbol{\alpha}=(x_{11},x_{12},\cdots,x_{1n})$和$\boldsymbol{\beta}=(x_{21},x_{22},\cdots,x_{2n})$之间的曼哈顿距离为

$$d=\sum_{k=1}^{n}\left|x_{1k}-x_{2k}\right| \tag{4-4}$$

四、切比雪夫距离

切比雪夫距离源自国际象棋中国王的移动方式，国王每次可以向它周围的格子移动，国王从一个点走到另一个点的步数就是切比雪夫距离。它是向量空间中的一种度量，两个点之间的切比雪夫距离定义为其各坐标数值差的绝对值的最大值。从数学的观点来看，切比雪夫距离是由一致范数（或称为"上确界范数"）所衍生的度量，也是超凸度量的一种。两个n维向量$\boldsymbol{\alpha}=(x_{11},x_{12},\cdots,x_{1n})$和$\boldsymbol{\beta}=(x_{21},x_{22},\cdots,x_{2n})$之间的切比雪夫距离为

$$d=\max_{i}\left(\left|x_{1i}-x_{2i}\right|\right) \tag{4-5}$$

式（4-5）等价为

$$d=\lim_{k\to\infty}\left(\sum_{i=1}^{n}\left|x_{1i}-x_{2i}\right|^{k}\right)^{1/k} \tag{4-6}$$

该等价性可以由放缩法和夹逼定理证得。

五、闵可夫斯基距离

闵可夫斯基距离指的不是一种距离，而是一组距离的定义。两个n维向量$\boldsymbol{\alpha}=(x_{11},x_{12},\cdots,x_{1n})$和$\boldsymbol{\beta}=(x_{21},x_{22},\cdots,x_{2n})$之间的闵可夫斯基距离定义为

$$d=\sqrt[p]{\sum_{k=1}^{n}(x_{1k}-x_{2k})^{p}} \tag{4-7}$$

式中，p为参数，可见：

①当p=1时，它是曼哈顿距离。

②当p=2时，它是欧氏距离。

③当$p\to\infty$时，它是切比雪夫距离。

闵可夫斯基距离有曼哈顿距离、欧氏距离和切比雪夫距离都存在的缺点。举个例子，二维样本空间（身高，体重）中的三个样本：$\boldsymbol{a}=(180,50)$，$\boldsymbol{b}=(190,50)$，$\boldsymbol{c}=(180,60)$，其中$\boldsymbol{a}$与$\boldsymbol{b}$之间的闵可夫斯基距离（无论是曼哈顿距离、欧氏距离或切比雪夫距离）等于$\boldsymbol{a}$与$\boldsymbol{c}$之间的闵可夫斯基距离，这就意味着身高的10 cm等价于体重的10 kg，这显然是不合理的。简单来说，闵可夫斯基距离的缺点主要有两个：①将各个分量的量纲（也就是"单位"）当作相同的看待了；②没有考虑各个分量的分布（如期望、方差等）可能是不同的。

六、余弦距离

向量的几何意义不仅包含长度，也包含方向。余弦距离是度量两个向量方向差异的一种方法。两个n维向量$\boldsymbol{\alpha}=(x_{11},x_{12},\cdots,x_{1n})$和$\boldsymbol{\beta}=(x_{21},x_{22},\cdots,x_{2n})$之间的夹角余弦度量为

$$\cos\theta=\frac{\boldsymbol{\alpha}\cdot\boldsymbol{\beta}}{\|\boldsymbol{\alpha}\|\|\boldsymbol{\beta}\|} \tag{4-8}$$

即

$$\cos\theta = \frac{\sum_{k=1}^{n} x_{1k} x_{2k}}{\sqrt{\sum_{k=1}^{n} x_{1k}^2}\sqrt{\sum_{k=1}^{n} x_{2k}^2}} \tag{4-9}$$

七、马氏距离

马氏距离是一种基于样本分布的距离度量，它是在规范化的主成分空间中的欧氏距离。所谓规范化的主成分空间，就是利用主成分分析对一些数据进行主成分分解，再对所有主成分分解轴做归一化，形成新的坐标轴，由这些坐标轴组成的空间就是规范化的主成分空间。

设有M个向量$\boldsymbol{X}_1,\boldsymbol{X}_2,\cdots,\boldsymbol{X}_M$，协方差矩阵记为$\boldsymbol{S}$，均值记为向量$\boldsymbol{u}$，则其中样本向量$\boldsymbol{X}$到$\boldsymbol{u}$的马氏距离表示为

$$D(X)=\sqrt{(\boldsymbol{X}-\boldsymbol{u})^T\boldsymbol{S}^{-1}(\boldsymbol{X}-\boldsymbol{u})} \tag{4-10}$$

向量$\boldsymbol{X}_i$与$\boldsymbol{X}_j$之间的马氏距离定义为

$$D(\boldsymbol{X}_i,\boldsymbol{X}_j)=\sqrt{(\boldsymbol{X}_i-\boldsymbol{X}_j)^T S^{-1}(\boldsymbol{X}_i-\boldsymbol{X}_j)}$$

若协方差矩阵是单位矩阵（各个样本向量之间独立同分布），则$\boldsymbol{X}_i$与$\boldsymbol{X}_j$之间马氏距离等于它们的欧氏距离：

$$D(\boldsymbol{X}_i,\boldsymbol{X}_j)=\sqrt{(\boldsymbol{X}_i-\boldsymbol{X}_j)^T\boldsymbol{S}^{-1}(\boldsymbol{X}_i-\boldsymbol{X}_j)}$$

若协方差矩阵是对角矩阵，则马氏距离就是标准化欧氏距离。

马氏距离的特点如下。

（1）与量纲无关，排除了变量之间相关性的干扰。

（2）马氏距离的计算是建立在总体样本的基础上的。如果同样的两个样本，放入两个不同的总体中，最后计算得出的两个样本间的马氏距离通常是不相同的，除非这两个总体的协方差矩阵碰巧相同。

（3）计算马氏距离的过程中，要求总体样本数大于样本的维数，否则得到的总体样本协方差矩阵的逆矩阵不存在，在这种情况下，用欧式距离计算即可。

八、海明距离

海明距离的定义为，对于两个等长二进制串s_1和s_2，将其中一个变换为另一个所需要的最小的变换次数，如字符串“1111”与“1001”之间的海明距离为2。

海明距离在包括信息论、编码理论和密码学等领域中都有应用。例如，在信息编码过程中，为了增强容错性，应使得编码间的最小海明距离尽可能大。但是，如果要比较两个不同长度的字符串，不仅要进行替换，而且要进行插入与删除的运算，在这种场合下，通常使用更加复杂的编辑距离等算法。

九、杰卡德距离

杰卡德相似系数：两个集合A和B的交集元素在A、B的并集中所占的比例，称为两个集合的杰卡德相似系数，用符号J（A，B）表示，即

$$J(A,B)=\frac{|A\cap B|}{|A\cup B|} \tag{4-11}$$

杰卡德距离（Jaccard distance）：用两个集合中不同元素占所有元素的比例来衡量两个集合的区分度，即

$$J_\delta(A,B)=1-J(A,B)=\frac{|A\cup B|-|A\cap B|}{|A\cup B|}$$

十、相关距离

相关系数：衡量随机变量X与Y相关程度的一种方法，相关系数的取值范围是[−1,1]。相关系数的绝对值越大，则表明X与Y的相关度越高。当X与Y线性相关时，相关系数的取值为1（正线性相关）或−1（负线性相关），即

$$\rho_{XY}=\frac{\mathrm{Cov}(X,Y)}{\sqrt{D(X)}\sqrt{D(Y)}}=\frac{E\{[X-E(X)][Y-E(Y)]\}}{\sqrt{D(X)}\sqrt{D(Y)}} \tag{4-12}$$

相关距离的公式是

$$D_{XY}=1-\rho_{XY} \tag{4-13}$$

十一、信息熵

以上的距离度量方法度量的皆为两个样本（向量）之间的距离，而信息熵描述的是整个系统内部样本之间的一个距离，或者称为系统内样本分布的集中程度（一致程度）、分散程度、混乱程度（不一致程度）。系统内样本的分布越分散（或者说分布越平均），信息熵就越大；分布越有序（或者说分布越集中），信息熵就越小。

计算给定的样本集的信息熵

$$\mathrm{Entropy}(X)=\sum_{i=1}^{n}-p_i\,\mathrm{lb}\,p_i \tag{4-14}$$

式中，n为样本集X的分类数；p_i为X中第i类元素出现的概率。

信息熵越大，表明样本集X的分布越分散（分布均衡）；信息熵越小，则表明样本集X的分布越集中（分布不均衡）。当X中n个分类出现的概率一样大时（都是$1/n$），信息熵取最大值lb（n）。当X只有一个分类时，信息熵取最小值0。

十二、基于核函数的度量

基于核函数的度量是把原始样本空间中线性不可分的数据点采用核函数映射到高维空间中，使其线性可分的一种度量方法。

事实上，满足一定条件的函数都可以作为度量距离的函数。根据应用数据设计更适合的度量方法，只需要保证距离函数满足：

① $d(\boldsymbol{x},\boldsymbol{y})\geqslant 0$，即距离要非负；$d(\boldsymbol{x},\boldsymbol{x})=0$即自身的距离为0。

②对称性，即$d(\boldsymbol{x},\boldsymbol{y})=d(\boldsymbol{y},\boldsymbol{x})$。

③三角形法则（两边之和大于第三边），即$d(\boldsymbol{x},\boldsymbol{k})+d(\boldsymbol{k},\boldsymbol{y})\geqslant d(\boldsymbol{x},\boldsymbol{y})$。

理论上，满足以上性质的函数都可以作为度量距离的函数，在实际应用中选择或设计合

适的度量方式会对结果或者后续聚类运算产生非常大的影响。

在聚类算法中，通常将相似度的度量结果排列成相应的矩阵，称作相异度或者相似度矩阵。聚类算法对这个矩阵进行某种最优化的求解，从而得到最终的聚类结果。

第二节　经典聚类算法

目前，学术界对聚类算法并没有一个公认的分类方法，而且某种聚类算法往往具有几种类别的特征。根据相关学者的观点，聚类算法可以分为划分算法、层次聚类算法、基于密度的聚类算法、基于网格的聚类算法、基于模型的聚类算法等几类。

一、划分算法

对于给定n个对象的数据集D，以及簇的数目k，划分算法将对象组织为k个划分（$k \leqslant n$），每个划分代表一个簇，使得“簇内相似度最高，簇间相似度最低”的划分作为最后的聚类结果，以某种评判准则来衡量划分结果。

划分算法是一个优化问题，显然可以通过穷举得到最优解，但穷举的高昂代价会降低这种算法的价值。一般来说，划分算法首先创建一个初始划分，然后采用一种迭代思想来改进划分，最终收敛到最优解上。划分算法中典型的方法有K均值及其变种、K中心点、CLARA和CLARANS等。本书重点讲解基于划分算法的聚类。

二、层次聚类算法

在划分算法中，簇和簇之间没有联系。而在实际问题中，需要处理的簇之间很可能有包含关系，如一个大类包含若干子簇，这些子簇又包含若干更小的子簇，因此可采用层次聚类应对这种情况。层次聚类算法将数据对象建立为一棵聚类树。树的建立有两种策略：自底向上的策略，把小的类别逐渐合并为大的类别，这种方法称为凝聚；自顶向下的策略，把大的类别逐渐分裂为小的类别，这种方法称为分裂。

凝聚层次聚类算法采用自底向上的策略，首先将每个对象作为簇，然后合并这些原子簇为越来越大的簇，直到所有的对象都在一个簇中，或者满足某个终止条件。绝大多数的层次聚类算法属于这一类，其主要区别是簇间的相似度不同。

分裂层次聚类算法采用自顶向下的策略，首先将所有对象置于一个簇中，然后将它逐步细分为越来越小的簇，直到每个对象自成一簇，或者满足某个终止条件。

在层次聚类算法的实际应用中，聚类通常终止于某个预先设定的条件，如簇的数目达到某个预定的值，或者每个簇的直径都在某个阈值之内。终止条件的选择与簇间距离度量方法的选择也有关系，被广泛采用的簇间距离的度量方法主要有以下四种。

（1）最小距离：$d_{\min}(C_i,C_j)=\min_{p\in C_i,p'\in C_j}\left|\boldsymbol{p}-\boldsymbol{p}'\right|$

（2）最大距离：$d_{\max}(C_i,C_j)=\max_{p\in C_i,p'\in C_j}\left|\boldsymbol{p}-\boldsymbol{p}'\right|$

（3）均值距离：$d_{\text{mean}}(C_i,C_j)=\left|\boldsymbol{m}_i-\boldsymbol{m}_j\right|$

（4）平均距离：$d_{\text{avg}}(C_i,C_j)=\dfrac{1}{n_i n_j}\sum_{p\in C_i}\sum_{p'\in C_j}\left|\boldsymbol{p}-\boldsymbol{p}'\right|$

其中，$|\boldsymbol{p}-\boldsymbol{p}'|$表示对象 $\boldsymbol{p}$ 和 $\boldsymbol{p}'$ 之间的距离；$\boldsymbol{m}_i$ 和 $\boldsymbol{m}_j$ 是簇 C_i 和簇 C_j 的均值；n_i 和 n_j 是簇 C_i 和簇 C_j 中对象的个数。

使用最小距离 $d_{\min}(C_i,C_j)$ 的算法称为最近邻聚类算法，其通常使用的终止条件为当最近的簇之间的距离超过预先设定的阈值时终止聚类过程，这种算法也称“单连接算法”。使用最小距离度量的凝聚层次聚类算法也称“最小生成树算法”。

使用最大距离 $d_{\max}(C_i,C_j)$ 的算法称为最远邻聚类算法，其通常使用的终止条件为当最近的簇之间的最大距离超过预先设定的阈值时终止聚类过程，这种算法也称“全连接算法”。

采用均值距离和平均距离的算法较最小距离和最大距离算法具有更好的鲁棒性，它们对噪声和离群点的敏感程度较最大距离和最小距离算法更弱。其中，均值距离的特点是计算简单，而平均距离的特点是它可以更好地处理分类数据，因为分类数据的均值有可能是很难定义的。

虽然层次聚类算法的思想简单，但存在选择合并或者分裂点难的问题。在层次聚类算法中，经典的算法有BRICH、ROCK和Chameleon。

三、基于密度的聚类算法

基于密度的聚类算法产生和发展的直接原因是为了发现任意形状的簇。基于密度的聚类算法将簇看作数据空间中被低密度区域分割开的稠密的对象区域，有时也将这种低密度区域看作噪声。典型的基于密度的聚类算法有DBSCAN、OPTICS和DENCLUE。

DBSCAN（Density-Based Spatial Clustering of Applications with Noise），即具有噪声的基于密度的聚类应用算法。首先给出相关定义。

（1）ε 邻域：给定对象半径 ε 内的邻域称为该对象的 ε 邻域。

（2）核心对象：如果对象的 ε 邻域至少包含最小数目（MinPts）的对象，则称该对象为核心对象。

（3）直接密度可达：给定一个对象集合 D，如果 $\boldsymbol{p}$ 在 $\boldsymbol{q}$ 的 ε 邻域内，而 $\boldsymbol{q}$ 是一个核心对象，则称对象 $\boldsymbol{p}$ 从对象 $\boldsymbol{q}$ 出发是直接密度可达的。

（4）密度可达：如果存在一个对象链 $\boldsymbol{p}_1,\boldsymbol{p}_2,\cdots,\boldsymbol{p}_n,\boldsymbol{p}_1=\boldsymbol{q},\boldsymbol{p}_n=\boldsymbol{p}$，对于 $\boldsymbol{p}_i\in D(1\leqslant i\leqslant n)$，$\boldsymbol{p}_{i+1}$是从 $\boldsymbol{p}_i$ 关于 ε 和MinPts直接密度可达的，则对象 $\boldsymbol{p}$ 是从对象 $\boldsymbol{q}$ 关于 ε 和MinPts密度可达的。

（5）密度相连：如果存在对象 $\boldsymbol{o}\in D$，使对象 $\boldsymbol{p}$ 和 $\boldsymbol{q}$ 都是从 $\boldsymbol{o}$ 关于 ε 和MinPts密度可达的，则称对象 $\boldsymbol{p}$ 到对象 $\boldsymbol{q}$ 是关于 ε 和MinPts密度相连的。

由离散数学的知识可知，密度可达是直接密度可达的传递闭包，它是非对称的，只有核心对象之间互相密度可达。密度相连则是一种对称的关系，这是基于密度聚类算法运算的数学基础。该算法求解的簇，即基于密度的簇，是基于密度可达性最大的密度相连对象的集合，不包含在任何簇中的对象被认为是噪声。

DBSCAN算法通过检查数据集中每个点的 ε 邻域来搜索簇。如果点的 ε 邻域包含的点多于MinPts个，则创建一个以这个点为核心对象的新簇；然后迭代聚集从这些核心对象直接密度可达的对象，这个过程可能涉及一些密度可达簇的合并。当没有新的点可以添加到任何簇时，聚类过程结束。

该算法的计算复杂度为O(n^2)，在使用空间索引的数据库中计算复杂度可降为O($n\log_n$)。在参数ε和MinPts设置恰当的情况下，DBSCAN算法可以有效地找到任意形状的簇。

DBSCAN算法和很多其他聚类算法一样，对参数非常敏感，用户设置参数的细微不同可能导致聚类结果的巨大差别。此外，真实的高维数据常具有非常倾斜的分布，全局密度参数不能刻画其内在的聚类结构。

OPTICS（Ordering Points to Identify Clustering Structure）算法扩展了DBSCAN算法，克服了参数敏感的问题。OPTICS算法，即通过点排序识别聚类结构的算法。该算法不显式地产生数据集聚类，而是为聚类计算一个增广的簇排序，这个排序代表数据基于密度的聚类结构。簇排序可以用来提取基本的聚类信息，如簇中心，也可以提供内在的聚类结构。

OPTICS算法创建了数据集中对象的排序，存储每个对象的核心距离和相应的可达距离，对于小于生成该排序距离ε的距离ε'，提取所有基于密度的聚类，该过程和DBSCAN算法相同。可见OPTICS算法和DBSCAN算法在结构上是等价的，所以OPTICS算法的计算复杂度和DBSCAN算法的相同。

DENCLUE（Density-based Clustering）算法，即基于密度的聚类算法，是一种基于密度分布函数的聚类算法。该算法的核心思想是：每个数据点的影响可以用一个数学函数形式化建模，该函数称为影响函数，用来描述数据点在其邻域内的影响；数据空间的整体密度可以用所有数据点的影响函数的和建模；簇可以通过识别密度吸引点来确定，其中，密度吸引点是全局密度函数的局部极大值。DENCLUE算法是聚类算法发展的一个里程碑，主要优点有：它有坚实的数学基础，概括了各种聚类算法，包括划分、层次和基于密度的算法；对于有大量噪声的数据集合，它有良好的聚类性能；对于高维数据集合任意形状的簇，它给出简洁的数学描述；它使用网格单元，只保存关于实际包含数据点的网格单元信息；它用一种基于树的存取结构来管理信息单元，显著快于DBSCAN等典型算法。DENCLUE算法的局限性主要在于对参数的选择敏感，不同参数值对聚类结果的质量影响较大。

四、基于网格的聚类算法

基于网格的聚类算法，其最大的特点是它直接聚类的对象是空间，而不是数据对象，数据对象作为空间中的信息或者“属性”存在。它采用一个多分辨率的网格数据结构，将空间量化为有限数目的单元，这些单元形成了网格结构，所有的聚类操作都在网格上进行。这种算法的主要优点是处理速度快，且处理时间独立于数据对象的数目，仅依赖量化空间中每一维上的单元数目。基于网格的聚类算法有STING和WaveCluster等。

STING（statistical information grid），即统计信息网格，是一种基于网格的多分辨率聚类技术，它将空间区域划分为矩形单元。针对不同级别的分辨率，存在多个级别的矩形单元，这些单元形成了一个层次结构：高层的每个单元被划分为多个低一层的单元。关于每个网格单元属性的统计信息（如平均值、最大值和最小值）被预先计算和存储。STING的聚类方式有别于其他算法，它的主要优点有：由于存储在每个单元中的统计信息描述了单元中的数据查询无关的概要信息，所以基于网格的计算是独立于查询的；网格结构有利于并行处理和增量更新；该算法的效率很高。STING通过扫描数据库一次来计算单元的统计信息，因此产生聚类的时间复杂度是O(n)，n是对象的数目。在层次结构建立后，查询处理时间是O(g)，这里g是最底层网格单元的数目，通常远远小于n。

WaveCluster和STING类似，都属于多分辨率的聚类算法，区别在于它首先在数据空间上通过强加一个多维网格结构来汇总数据，然后采用一种小波变换来变换原始的特征空间，在变换后的空间中找到密集区域。在该算法中，每个网格单元汇总了一组映射到该单元中的点的信息。这种汇总信息适合在内存中进行多分辨率的小波变换使用，以及随后的聚类分析。WaveCluster是一个基于网格和密度的算法，它符合一个好的聚类算法的许多要求；它能有效地处理大数据集合，发现任意形状的簇，成功地处理孤立点，对于输入的顺序不敏感，不要求诸如结果簇的数目、邻域的半径等输入参数的定义。实验证实，WaveCluster在效率和聚类质量上优于BIRCH、CLARANS和DBSCAN。实验结果还表明，WaveCluster最多能够处理20维的数据。

五、基于模型的聚类算法

基于模型的聚类算法试图优化给定的数据和某些数学模型之间的拟合，即假设数据是根据潜在的概率分布生成的，基于模型的聚类算法试图找到其背后的模型，并使用其概率分布特性进行聚类，如采用期望最大化方法、概念聚类和基于神经网络的方法等。

期望最大化方法用参数概率分布对每个簇进行数学描述，整个数据集就是这些分布的混合，其中每个单独的分布通常称作成员分布，然后使用k个概率分布的有限混合密度模型对数据进行聚类，其中每个分布代表一簇。这种方法的实质是估计概率分布的参数。

与传统聚类不同，概念聚类除确定相似的对象分组外，还需要更进一步地找出每组对象的特征描述，其中每组对象代表一个概念或者类。概念聚类有两个步骤：首先进行聚类，然后给出特征描述。这里，聚类质量不仅是个体对象的函数，而且加入了如何总结出概念描述的一般性和简单性等因素。实际上，概念聚类的绝大多数实现都采用统计学的方法，由概率质量决定概念或簇。通常，概率描述用于描述每个导出的概念。

COBWEB是一种简单的、流行的增量概念聚类算法，它的输入对象用分类属性-值对描述，它以一个分类树的形式创建层次聚类。分类树与决策树不同，分类树中的每个节点对应一个概念，包含该概念的一个概率描述，概述了被分在该节点下的对象。概率描述包括概念的概率和形如$P(A_i=V_{ij}|C_k)$的条件概率，其中$A_i=V_{ij}$是一对属性和值，C_k是概念类，其计数被累计和存储在每个节点中，用于概率的计算。与决策树的不同就在于此，决策树标记分支，而非节点，而且采用逻辑描述符，而不是概率描述符。在分类树某个层次上的兄弟节点形成了一个划分。为了用分类树对一个对象进行分类，采用了一个部分匹配函数来沿着最佳匹配节点的路径在树中向下移动。

神经网络方法将每个簇描述为一个模型。模型作为聚类的“原型”，不一定对应一个特定的数据例子或对象。根据某些距离函数，新的对象可以被分配给模型与其最相似的簇。被分配给一个簇的对象的属性可以根据该簇的模型属性来预测。

第三节　K均值算法、K中心点算法及其改进算法

最著名的划分算法有K均值（K-means）算法、K中心点算法及其改进算法。

一、K均值算法

K均值算法以簇数目k为输入参数，把n个对象划分为k个簇，使得簇内的相似度高，而簇间的相似度低。当簇作为运算对象参与度量时，使用簇中对象的均值代表簇。

K均值算法的处理流程：首先，随机地选择k个对象，每个对象代表一个簇的初始均值。对于剩余的每个对象，根据其与每个簇均值的距离，将它分配到最相似的簇。然后，计算每个簇的新均值。不断重复这个过程，直到簇稳定不再变化。这里的“不再变化”，实质上是准则函数下的收敛。K均值算法所选择的准则函数是平方误差函数，其定义为

$$E=\sum_{i=1}^{k}\sum_{p\in C_i}\left|\boldsymbol{p}-\boldsymbol{m}_i\right|^2 \tag{4-15}$$

式中，E为数据集中所有对象的平方误差和；$\boldsymbol{p}$为空间中的点，表示给定的对象；$\boldsymbol{m}_i$是簇C_i的均值。从最小化E的意义可以看出，K均值算法迭代的过程试图使生成的k个结果簇尽可能地紧凑和独立。K均值算法如算法4.1所示。

算法4.1：K均值算法

输入：n个对象的数据集D，簇数目k。 输出：k个簇。
（1）从D中随机选择k个对象作为初始簇中心； （2）将每个对象分配到中心与其最近的簇； （3）重新计算簇的均值，使用新的均值作为每个簇的中心； （4）重复步骤（2）和步骤（3），直到所有簇中的对象不再变化。

K均值算法其实是一种EM算法：

（1）E步，将每个对象分配到一个簇中；

（2）M步，重新计算簇中心参数。

K均值算法试图确定最小化平方误差函数的k个划分。K均值算法的计算复杂度是O（nkt），其中n是数据对象的总数，k是簇的个数，t是迭代的次数。通常，$k<<n$，$t<<n$。

K均值算法虽简单且高效，但也有其局限性。

①算法可能终止于局部最优解；

②算法只有当簇均值可求或者定义可求时才能使用，如对象的某些属性是类别或者字符串时求其均值没有意义；

③簇的数目k必须事先给定，而在一些实际应用中k是很难事先知道的；

④算法不适合发现非凸形状的簇，或者大小差别很大的簇；

⑤算法对噪声和离群点数据敏感，如一个距离簇内其他数据对象较远的对象会对该簇的均值产生很大的影响。

针对K均值算法的局限性，学者们提出了一些变种算法。这些算法在初始簇中心的选择方法、相似度计算和簇均值计算上有所不同。例如，首先采用层次聚类算法确定簇的数目并找到一个初始聚类，然后再进行迭代精确这个结果；在另一种改进中，采用簇中对象的众数代替均值作为簇中心，从而在一定程度上改善对噪声敏感的问题，这种改进算法同时采用新的相似度度量方法和基于频率的方法更新簇数。

K均值算法使用的平方误差准则使得它对离群点过于敏感，为了降低这种敏感性，K中心点算法从簇中选出一个数据对象来代表该簇，而不再采用均值代表簇；然后，类似地将每个对象分配到与其最近的簇中。实质上，这是评判准则的改变。

二、K中心点算法

K中心点算法采用的评判准则是绝对误差标准，其定义如下：

$$E=\sum_{j=1}^{k}\sum_{p\in C_j}\left|\boldsymbol{p}-\boldsymbol{o}_j\right| \tag{4-16}$$

式中，E为数据集中所有对象的绝对误差之和；$\boldsymbol{p}$为空间中的点，代表簇C_j中的一个给定对象；$\boldsymbol{o}_j$为代表簇C_j的中心点。该算法也依靠重复迭代，最终使得所有点或者为簇中心，或者属于离它最近的簇。

K中心点算法的过程：首先，随机选择初始中心点；然后，在迭代过程中，只要能够提高聚类结果的质量，就用非中心点替换中心点。其中，聚类结果的质量由代价函数评估，该函数度量对象与其簇的中心点之间的平均相异度。用$\boldsymbol{o}_{\text{random}}$表示正在被考察的非中心点，$\boldsymbol{o}_j$表示中心点，$\boldsymbol{p}$表示每一个非中心点对象，替换规则如下：

（1）$\boldsymbol{p}$当前隶属于中心点$\boldsymbol{o}_j$。如果$\boldsymbol{o}_j$被$\boldsymbol{o}_{\text{random}}$代替作为中心点，且$\boldsymbol{p}$离（簇$C_i$的中心点）最近，$i\neq j$，那么$\boldsymbol{p}$被重新分配给$\boldsymbol{o}_i$。

（2）$\boldsymbol{p}$当前隶属于中心点$\boldsymbol{o}_j$。如果$\boldsymbol{o}_j$被$\boldsymbol{o}_{\text{random}}$代替作为中心点，且$\boldsymbol{p}$离$\boldsymbol{o}_{\text{random}}$最近，那么$\boldsymbol{p}$被重新分配给$\boldsymbol{o}_{\text{random}}$。

（3）$\boldsymbol{p}$当前隶属于中心点$\boldsymbol{o}_i$，$i\neq j$。如果$\boldsymbol{o}_j$被$\boldsymbol{o}_{\text{random}}$代替作为一个中心点，而$\boldsymbol{p}$依然离$\boldsymbol{o}_i$最近，那么对象的隶属不发生变化。

（4）$\boldsymbol{p}$当前隶属于中心点$\boldsymbol{o}_i$，$i\neq j$。如果$\boldsymbol{o}_j$被$\boldsymbol{o}_{\text{random}}$代替作为一个中心点，且$\boldsymbol{p}$离$\boldsymbol{o}_{\text{random}}$最近，那么$\boldsymbol{p}$被重新分配给$\boldsymbol{o}_{\text{random}}$。

每当重新分配发生时，绝对误差E所产生的差别对代价函数有影响。因此，当一个当前的中心点对象被非中心点所代替时，代价函数计算绝对误差值所产生的差别，即替代的总代价是所有非中心点对象所产生的代价之和。如果总代价为负，那么实际的绝对误差将会减小，$\boldsymbol{o}_j$可以被$\boldsymbol{o}_{\text{random}}$代替；如果总代价为正，则当前中心点$\boldsymbol{o}_j$被认为是可以接受的，在本次迭代中没有变化发生。

K中心点算法也有许多变种，其中最早提出的算法称为围绕中心点的划分（PAM）算法，它试图确定n个对象的k个划分。在随机选择k个初始对象作为初始簇中心点后，该算法反复地尝试选择更好的对象来代表簇。分析所有可能的对象对，每对中的一个对象作为簇的中心点，计算所有这样的对对聚类质量的影响。对象 $\boldsymbol{o}_j$ 被那个可以使误差值减小最多的对象所取代，每次迭代中产生的每个簇中最好的对象集合作为下次迭代的簇的中心点。迭代稳定后得到的中心点集就是簇的中心点。可见，每次迭代的计算复杂度都是$O(k(n-k)^2)$，当n和k较大时，这个计算代价是非常高的。

PAM算法见算法4.2。

算法4.2：PAM算法

输入：n个对象的数据集D，簇数目k。 输出：k个簇。
（1）从D中随机选择k个对象作为初始的簇的中心点； （2）将每个剩余对象分配到最近的中心点所对应的簇中； （3）随机选择一个非中心点对象 $\boldsymbol{o}_{\text{random}}$； （4）计算用 $\boldsymbol{o}_{\text{random}}$ 交换中心点 $\boldsymbol{o}_j$ 的总代价S； （5）如果S小于0，则用 $\boldsymbol{o}_{\text{random}}$ 替换 $\boldsymbol{o}_j$，形成新的k个中心点集； （6）重复步骤（2）到步骤（5），直到聚类稳定。

因为K中心点算法使用位于簇“中心”的实际点代表簇，所以它不易受到离群点之类的极端值的影响，这使得当数据对象中存在噪声和离群点时，K中心点较于K均值算法具有更高的鲁棒性。K中心点算法同K均值算法一样，也需要事先由用户给出簇的数目k。

三、核K均值算法

K均值算法中簇之间的分割边界是线性的，但它不适用非凸簇的数据，因此将核方法应用于K均值算法中，即核K均值算法，通过核方法来提取簇之间的非线性边界。

核K均值算法的主要思想是：将输入空间中的数据点 $\boldsymbol{x}_i$ 映射到某个高维特征空间中的点 $\varphi(\boldsymbol{x}_i)$，其中 φ 是非线性映射。基于核方法可以在特征空间使用核函数 $K(\boldsymbol{x}_i,\boldsymbol{x}_j)$ 进行聚类，该函数的计算可以在输入空间完成，对应于特征空间中的一个内积 $\varphi(\boldsymbol{x}_i)^T\varphi(\boldsymbol{x}_j)$。

假设所有的点 $x_i \in D$ 已经映射到特征空间中的 $\varphi(x_i)$。令 $\boldsymbol{K}=\left\{\boldsymbol{K}(\boldsymbol{x}_i,\boldsymbol{x}_j)\right\}_{i,j=1,\cdots,n}$ 代表$n\times n$的对称核矩阵，其中 $K(x_i,x_j)=\varphi(x_i)^T\varphi(x_j)$。令 $C_1,\cdots,C_k$ 定义将n个点聚类为k个簇的划分，并令对应的簇均值在特征空间中对应 $\left\{\boldsymbol{\mu}_1^{\varphi},\cdots,\boldsymbol{\mu}_k^{\varphi}\right\}$，其中，$\boldsymbol{\mu}_i^{\varphi}=\dfrac{1}{n_i}\sum\limits_{x_j\in C_i}\varphi(\boldsymbol{x}_j)$ 代表 C_i 在特征空间中的均值，$n_i=|C_i|$。

在特征空间中，核K均值算法的平方误差的目标函数为

$$\min E=\sum_{i=1}^{k}\sum_{x_j\in C_i}\left\|\varphi(\boldsymbol{x}_j)-\boldsymbol{\mu}_i^{\varphi}\right\|^2$$

将E展开，用核函数表示，可得

$$
\begin{aligned}
E &= \sum_{i=1}^{k}\sum_{x_j\in C_i}\left\|\varphi(\boldsymbol{x}_j)-\boldsymbol{\mu}_i^{\varphi}\right\|^2 \\
&= \sum_{i=1}^{k}\sum_{x_j\in C_i}\left\|\varphi(\boldsymbol{x}_j)\right\|^2-2\varphi(\boldsymbol{x}_j)^T\boldsymbol{\mu}_i^{\varphi}+\left\|\boldsymbol{\mu}_i^{\varphi}\right\|^2 \\
&= \sum\nolimits_{i=1}^{k}\left(\left(\sum_{x_j\in C_i}\left\|\varphi(\boldsymbol{x}_j)\right\|^2\right)-2n_i\left(\frac{1}{n_i}\sum_{x_j\in C_i}\varphi(\boldsymbol{x}_j)\right)^T\boldsymbol{\mu}_i^{\varphi}+n_i\left\|\boldsymbol{\mu}_i^{\varphi}\right\|^2\right) \\
&= \left(\sum_{i=1}^{k}\sum_{x_j\in C_i}\varphi(\boldsymbol{x}_j)^T\varphi(\boldsymbol{x}_j)\right)-\left(\sum_{i=1}^{k}n_i\left\|\boldsymbol{\mu}_i^{\varphi}\right\|^2\right) \\
&= \sum_{i=1}^{k}\sum_{x_j\in C_i}\boldsymbol{K}(\boldsymbol{x}_j,\boldsymbol{x}_j)-\sum_{i=1}^{k}\frac{1}{n_i}\sum_{x_a\in C_i}^{x}\sum_{x_b\in C_i}\boldsymbol{K}(\boldsymbol{x}_a,\boldsymbol{x}_b) \\
&= \sum_{j=1}^{n}\boldsymbol{K}(\boldsymbol{x}_j,\boldsymbol{x}_j)-\sum_{i=1}^{k}\frac{1}{n_i}\sum_{x_a\in C_i}\sum_{x_b\in C_i}\boldsymbol{K}(\boldsymbol{x}_a,\boldsymbol{x}_b)
\end{aligned}
$$

核K均值算法的目标函数E可以仅用核函数来表示。同K均值算法一样，最小化E的目标，可以采用贪心迭代的算法。这一算法的基本思想是：在特征空间中将每个点赋给最近的均值，从而得到一个新的聚类，并用于估计新的簇均值。

特征空间中，点$\varphi(\boldsymbol{x}_j)$到均值$\boldsymbol{\mu}_i^{\varphi}$的距离：

$$
\begin{aligned}
\left\|\varphi(\boldsymbol{x}_j)-\mu_i^{\varphi}\right\|^2 &= \left\|\varphi(\boldsymbol{x}_j)\right\|^2-2\varphi(\boldsymbol{x}_j)^T\boldsymbol{\mu}_i^{\varphi}+\left\|\boldsymbol{\mu}_i^{\varphi}\right\|^2 \\
&= \varphi(\boldsymbol{x}_j)^T\varphi(\boldsymbol{x}_j)-\frac{2}{n_i}\sum_{x_a\in C_i}\varphi(\boldsymbol{x}_j)^T\varphi(\boldsymbol{x}_a)+\frac{1}{n_i^2}\sum_{x_a\in C_i}\sum_{x_b\in C_i}\varphi(\boldsymbol{x}_a)^T\varphi(\boldsymbol{x}_b) \\
&= K(\boldsymbol{x}_j,\boldsymbol{x}_j)-\frac{2}{n_i}\sum_{x_a\in C_i}\boldsymbol{K}(\boldsymbol{x}_a,\boldsymbol{x}_j)+\frac{1}{n_i^2}\sum_{x_a\in C_i}\sum_{x_b\in C_i}\boldsymbol{K}(\boldsymbol{x}_a,\boldsymbol{x}_b)
\end{aligned}
$$

特征空间中的一个点到簇均值的距离仅用核函数就可以计算。在核K均值算法的簇赋值步骤中，按如下方式将一个点赋给最近的簇均值：

$$
\begin{aligned}
C^*(\boldsymbol{x}_j) &= \arg\min_i\left\{\left|\varphi(\boldsymbol{x}_j)-\boldsymbol{\mu}_i^{\varphi}\right|^2\right\} \\
&= \arg\min_i\left\{K(\boldsymbol{x}_j,\boldsymbol{x}_j)-\frac{2}{n_i}\sum_{x_a\in C_i}\boldsymbol{K}(\boldsymbol{x}_a,\boldsymbol{x}_j)+\frac{1}{n_i^2}\sum_{x_a\in C_i}\sum_{x_b\in C_i}\boldsymbol{K}(\boldsymbol{x}_a,\boldsymbol{x}_b)\right\} \\
&= \arg\min_i\left\{\frac{1}{n_i^2}\sum_{x_a\in C_i}\sum_{x_b\in C_i}\boldsymbol{K}(\boldsymbol{x}_a,\boldsymbol{x}_b)-\frac{2}{n_i}\sum_{x_a\in C_i}\boldsymbol{K}(\boldsymbol{x}_a,\boldsymbol{x}_j)\right\}
\end{aligned}
$$

其中，去掉了项$\boldsymbol{K}(\boldsymbol{x}_j,\boldsymbol{x}_j)$，因为它对所有的$k$个簇保持不变，且不影响簇赋值。此外，第一项是簇$C_i$成对核值的平均值，与数据点$\boldsymbol{x}_j$无关，它事实上是簇均值在特征空间中的平方范数；第二项是C_i中所有关于$\boldsymbol{x}_j$核值的平均值的两倍。

核K均值算法见算法4.3。在初始化阶段将所有点随机划分为k簇，然后根据公式，在特征空间中将每个点赋给最近的均值，从而迭代地更新簇赋值。为便于距离计算，首先计算平均核值，即每个簇的簇均值的平方范数［第（5）步的for循环］；然后计算每一个点 x_j 和簇 C_i 中的点的核值［第（7）步的for循环］。簇赋值步骤需用这些值来计算 x_j 与每个簇 C_i 之间的距离，并将 x_j 赋给最近的均值。以上步骤将点重新分配给一组新的簇，即所有距离 C_i 均值更近的点 x_j 构成了进行下一次迭代的簇，重复这一迭代过程直到收敛。

算法4.3：核K均值算法

输入：簇的数目k，任意小的正数ε，核函数K。
输出：每个数据所属的簇。

（1）$t \leftarrow 0$；
（2）$C^t = \{C_1, \cdots, C_k\}$ //将所有点随机分成k个簇；
（3）**repeat**;
（4）$t \leftarrow t+1$；
（5）**for each** $C_i \in C^{t-1}$ **do**//计算分簇均值的平方范数；
（6）$sqnorm_i \leftarrow \frac{1}{n_i^2} \sum_{x_a \in C_i} \sum_{x_b \in C_i} \boldsymbol{K}(\boldsymbol{x}_a, \boldsymbol{x}_b)$；
（7）**for each** $x_j \in D$ **do**//对应 x_j 和 C_i 的平均核值；
（8）**for each** $C_i \in C^{t-1}$ **do**;
（9）$avg_{ji} \leftarrow \frac{1}{n_i} \sum_{x_a \in C_i} K(\boldsymbol{x}_a, \boldsymbol{x}_j)$ //找出距离每个点最近的分簇；
（10）**for each** $x_j \in D$ **do**;
（11）**for each** $C_i \in C^{t-1}$ **do**;
（12）$d(x_i, C_i) \leftarrow sqnorm_i - 2 \cdot avg_{ij}$；
（13）$d(\boldsymbol{x}_i, C_i) \leftarrow sqnorm_i - 2 \cdot avg_{ij}$；
（14）$C_{j^*}^t \leftarrow C_{j^*}^t \cup \{x_j\}$ //重新赋分簇；
（15）$C^t \leftarrow \{C_1^t, \cdots, C_k^t\}$；
（16）**until** $1 - \frac{1}{n} \sum_{i=1}^{k} \left| C_i^t \cap C_i^{t-1} \right| \leqslant \varepsilon$。

通过检查所有点的簇赋值判断是否收敛。未发生簇变化的点的数目为 $\sum_{i=1}^{k} \left| C_i^t \cap C_i^{t-1} \right|$，其中，$t$表示当前迭代。被赋予新簇的点的比例为

$$\frac{n - \sum_{i=1}^{k} \left| C_i^t \cap C_i^{t-1} \right|}{n} = 1 - \frac{1}{n} \sum_{i=1}^{k} \left| C_i^t \cap C_i^{t-1} \right|$$

当以上比例小于某一阈值 $\varepsilon(\varepsilon \geqslant 0)$ 时，核K均值算法终止。例如，当没有点的簇赋值变化时，终止迭代。

计算复杂度分析：计算每个簇 C_i 的平均核值需要 $O(n^2)$ 的时间，计算每个点与k个簇的平均核值也需要 $O(n^2)$ 的时间，计算每个点的最近均值和簇重赋值需要 $O(kn)$ 的时间，因此核K均值算法的总计算复杂度为 $O(tn^2)$，其中，t为收敛时迭代的次数，I/O复杂度为 $O(t)$ 次对核矩阵K的扫描。

四、EM聚类

K均值算法是硬分（hard assignment）聚类算法的一种，每个点只属于一个簇。EM聚类是一种软分聚类算法，每个点都有属于每个簇的概率。

（一）d维中的EM算法

现在来考虑d维中的EM算法，其中每一个簇由一个多元高斯分布刻画：

$$f_i(\boldsymbol{x}) = f(\boldsymbol{x}|\boldsymbol{u}_i, \boldsymbol{\Sigma}_i) = \frac{1}{(2\pi)^{\frac{d}{2}}|\boldsymbol{\Sigma}_i|^{\frac{1}{2}}}\exp\left\{-\frac{(\boldsymbol{x}-\boldsymbol{u}_i)\boldsymbol{\Sigma}_i^{-1}(\boldsymbol{x}-\boldsymbol{u}_i)}{2}\right\} \tag{4-17}$$

式中，簇均值 $u_i \in R^d$，协方差矩阵 $\boldsymbol{\Sigma}_i \in R^{d\times d}$，$|\boldsymbol{\Sigma}|$ 表示矩阵 Σ 的行列式 $f_i(x)$ 是 x 属于簇 C_i 的概率密度。

假设 $\boldsymbol{x}$ 的概率密度函数是在所有k个簇之上的高斯混合模型：

$$f(\boldsymbol{x}) = \sum_{i=1}^{k} f_i(\boldsymbol{x})P(C_i) = \sum_{i=1}^{k} f_i(\boldsymbol{x}|\boldsymbol{u}_i, \boldsymbol{\Sigma}_i)P(C_i) \tag{4-18}$$

式中，先验概率 $P(C_i)$ 满足 $\sum_{i=1}^{k} P(C_i) = 1$。

高斯混合模型是由均值 $\boldsymbol{u}_i$、协方差矩阵 $\boldsymbol{\Sigma}_i$，以及k个高斯分布对应的混合概率 $P(C_i)$ 刻画，因此模型参数 $\boldsymbol{\theta}$ 可表示为 $\{\boldsymbol{u}_1, \boldsymbol{\Sigma}_1, P(C_1), \cdots, \boldsymbol{u}_k, \boldsymbol{\Sigma}_k, P(C_k)\}$。

对每一个簇 C_i，估计d维的均值向量 $\boldsymbol{u}_i = \{\boldsymbol{u}_{i1}, \boldsymbol{u}_{i2}, \cdots, \boldsymbol{u}_{id}\}^T$，以及 $d \times d$ 的协方差矩阵：

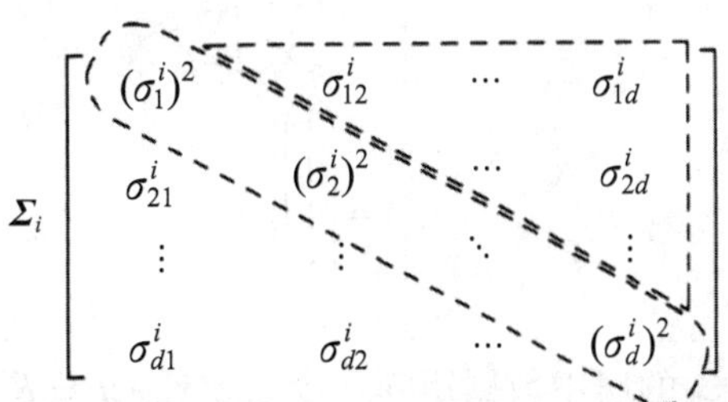

由于协方差矩阵是对称阵，需要估计 $C_d^2 = \frac{d(d-1)}{2}$ 对协方差和d个方差，因此 Σ_i 一共有 $\frac{d(d+1)}{2}$ 个参数。实际中，难有足够的数据来对这么多的参数进行估计。一种简化方法是假设各个维度是彼此独立的，从而可以得到一个对角协方差矩阵：

$$\boldsymbol{\Sigma}_i = \begin{bmatrix} (\sigma_1^i)^2 & 0 & \cdots & 0 \\ 0 & (\sigma_2^i)^2 & \cdots & 0 \\ \vdots & \vdots & \ddots & \vdots \\ 0 & 0 & \cdots & (\sigma_d^i)^2 \end{bmatrix}$$

在这一独立性假设之下，只需要估计d个参数来估计该对角协方差矩阵。

（1）初始化

对每一个簇 $C_i(i=1,2,\cdots,k)$，初始化均值为 $\boldsymbol{u}_i$：在每个维度 X_a 中，在其取值范围内均匀地随机选取一个值 $\boldsymbol{u}_{ia}$。协方差矩阵初始化为 $d\times d$ 的单位矩阵 $\boldsymbol{\Sigma}_i=\boldsymbol{I}$。簇的先验概率初始化为 $P(C_i)=\dfrac{1}{k}$，每一个簇的概率相等。

（2）期望步骤

给定点 $x_j(j=1,2,\cdots,n)$，计算簇 $C_i(i=1,2,\cdots,k)$ 的后验概率，记为 $w_{ij}=P(C_i|\boldsymbol{x}_j)$。$P(C_i|\boldsymbol{x}_j)$ 可看作点 $\boldsymbol{x}_j$ 对簇 C_i 的权值。$w_i=(w_{i1},w_{i2},\cdots,w_{in})^T$ 表示簇 C_i 在所有n个点上的权向量。

（3）最大化步骤

给定权值 w_{ij}，重新估计 $\boldsymbol{\Sigma}_i$、$\boldsymbol{u}_i$ 和 $P(C_i)$。簇 C_i 的均值 $\boldsymbol{\mu}_i$ 可以估计为

$$\boldsymbol{u}_i = \frac{\sum_{j=1}^{n} w_{ij}\cdot x_j}{\sum_{j=1}^{n} w_{ij}} \tag{4-19}$$

式（4-19）用矩阵形式表示为

$$\begin{cases} \boldsymbol{u}_i = \dfrac{\boldsymbol{D}^T\boldsymbol{w}_i}{\boldsymbol{w}_i^T\boldsymbol{1}} \\ \boldsymbol{D}^T = (\boldsymbol{x}_1,\boldsymbol{x}_2,\cdots,\boldsymbol{x}_n) \\ \boldsymbol{D} = \begin{pmatrix} \boldsymbol{x}_1^T \\ \boldsymbol{x}_2^T \\ \boldsymbol{x}_3^T \\ \vdots \\ \boldsymbol{x}_n^T \end{pmatrix} \\ \boldsymbol{1} = \left.\begin{pmatrix} 1 \\ 1 \\ 1 \\ \vdots \\ 1 \end{pmatrix}\right\} n\text{个}1 \end{cases} \tag{4-20}$$

令 $\boldsymbol{Z}_i=\boldsymbol{D}-\boldsymbol{1}\cdot\boldsymbol{u}_i^T$ 为簇 C_i 的居中数据矩阵，令 $\boldsymbol{z}_{ji}=\boldsymbol{x}_j-\boldsymbol{u}_i\in\boldsymbol{R}^d$ 表示 $\boldsymbol{Z}_i$ 中的第j个点。将 $\boldsymbol{\Sigma}_i$ 表示为外积形式：

$$\boldsymbol{\Sigma}_i = \frac{\sum_{j=1}^{n} \boldsymbol{w}_{ij}\boldsymbol{z}_{ij}\boldsymbol{z}_{ij}^T}{\boldsymbol{w}_i^T\boldsymbol{1}}$$

考虑成对属性的情况，维度 X_a 和 X_b 之间的协方差可估计为

$$\sigma_{ab}^{i}=\frac{\sum_{j=1}^{n}w_{ij}(x_{ja}-u_{ia})(x_{jb}-u_{jb})}{\sum_{j=1}^{n}w_{ij}} \tag{4-21}$$

式中，x_{ja} 和 u_{ia} 分别代表 $\boldsymbol{x}_j$ 和 $\boldsymbol{u}_i$ 在第 a 个维度的值。

最后，每个簇的先验概率

$$P(C_i)=\frac{\sum_{j=1}^{n}w_{ij}}{n}=\frac{\boldsymbol{w}_i^T\boldsymbol{1}}{n}$$

（二）EM聚类算法

多元EM聚类算法在初始化 $\boldsymbol{\Sigma}_i$ 、$\boldsymbol{u}_i$ 和 $P(C_i)(i=1,\cdots,k)$ 之后，重复期望和最大化步骤直到收敛。关于收敛性测试，检测是否 $\sum_{i=1}^{k}\left\|\boldsymbol{u}_i^t-\boldsymbol{u}_i^{t-1}\right\|^2\leqslant\varepsilon$ ，其中 $\varepsilon>0$ 是收敛阈值，t 表示迭代次数。换句话说，迭代过程持续到簇均值变化很小为止。EM聚类算法如算法4.4所示。

算法4.4：EM聚类算法

输入：簇的数目 k，任意小的正数 ε。
输出：每个数据所属的簇。

（1） $t\leftarrow 0$ //初始化；
（2）随机初始化 $\boldsymbol{u}_i^t,\cdots,\boldsymbol{u}_k^t$ ；
（3） $\boldsymbol{\Sigma}_i^t\leftarrow\boldsymbol{I},\forall i=1,\cdots,k$ ；
（4） $P^t(C_i)\leftarrow\frac{1}{k},\forall i=1,\cdots,k$ ；
（5）repeat;
（6） $t\leftarrow t+1$ //期望步骤；
（7）**for** $i=1,\cdots,k$ 且 $j=1,\cdots,n$ **do**;
（8） $w_{ij}\leftarrow\frac{f(x_j|\boldsymbol{u}_i,\boldsymbol{\Sigma}_i)\cdot P(C_i)}{\sum_{a=1}^{k}f(x_j|\boldsymbol{u}_a,\boldsymbol{\Sigma}_a)\cdot P(C_a)}$ //后验概率 $P^t(C_i|\boldsymbol{x}_j)P^t(C_i|\boldsymbol{x}_j)$ //最大化步骤；
（9）for $i=1,\cdots,k$ **do**;
（10） $\boldsymbol{u}_i^t\leftarrow\frac{\sum_{j=1}^{n}w_{ij}\cdot\boldsymbol{x}_j}{\sum_{j=1}^{n}w_{ij}}$ //重新估计均值；

(11) $\boldsymbol{\Sigma}_i^t \leftarrow \dfrac{\sum_{j=1}^{n} w_{ij}(\boldsymbol{x}_j-\boldsymbol{u}_i)(\boldsymbol{x}_j-\boldsymbol{u}_i)^T}{\sum_{j=1}^{n} w_{ij}}$ //重新估计协方差矩阵；

(12) $P^t(C_i) \leftarrow \dfrac{\sum_{j=1}^{n} w_{ij}}{n}$ //重新估计先验概率；

(13) **until** $\sum_{i=1}^{k}\left\|\boldsymbol{u}_i^t-\boldsymbol{u}_i^{t-1}\right\|^2 \leqslant \varepsilon$ 。

五、基于随机搜索应用于大型应用的聚类算法CLARANS

K中心点算法在处理大数据集时效率慢且效果不佳。CLARA算法引入抽样的思想，它的主要思想是抽取实际数据中的一小部分作为样本，在样本中选择中心点。样本是以随机方式抽取的，以接近于原数据集的数据分布。这样从样本中求得中心点很可能与从整个数据集中求得的中心点相似。CLARA算法抽取数据集的多个样本，对每个样本应用PAM算法，将其最好的结果作为输出。CLARA算法如算法4.5所示。

算法4.5：CLARA算法

(1) $i=1$ to v （选样的次数），重复执行下列步骤。

①随机地从整个数据集中抽取一个N个对象的样本，调用PAM算法从样本中找出样本k个最优的中心点；

②将这k个中心点应用到整个数据集上，对于每一个非代表对象$\boldsymbol{o}_j$，判断它与从样本中选出的哪个代表对象距离最近；

③计算上一步中得到的聚类的总代价，若该值小于当前的最小值，用该值替换当前的最小值，保留在这次选样中得到的k个代表对象作为到目前为止得到的最好的代表对象的集合；

④返回到步骤①，开始下一个循环。

(2) 算法结束，输出聚类结果。

CLARA算法的复杂度为$O(ks^2+k(n-k))$，其中s是样本的大小，k是簇的数目，n是数据集中对象的总数。

和所有的基本抽样算法一样，CLARA算法的准确性取决于样本大小。如果某个实际上最佳的中心点在若干次抽样中从未被抽到，那么最后计算的结果一定不是最佳的聚类结果。这个问题是抽样算法很难避免的，因为抽样本身就是效率对准确性做的一种折中。

CLARANS（基于随机搜索的大型应用聚类）算法是对CLARA算法的改进，如算法4.6所示。CLARANS算法也进行抽样，但计算的任何时候都不把自身局限于某个样本，CLARANS算法在搜索的每一步都按照某种方法随机抽样。从概念上讲，聚类过程可以看作搜索的一个图，图中的每个节点是一个潜在的解（k个中心点的集合）。

算法4.6：CLARANS算法

输入：参数numlocal和maxneighbor。 输出：数据的类别。
（1）从n个目标中随机地选取k个目标构成质心集合，记为current； （2）$j=1$； （3）从第（1）步中余下的$n-k$个目标集中随机选取一个目标，并用之替换质心集合中随机的某一个质心得到一个新的质心集合，计算两个质心集合的代价差（这一点和PAM算法相似，只是变成了随机选取替换对象和被替换对象）； （4）如果新的质心集合代价较小，则将其赋给current，重置$j=1$，否则$j+=1$； （5）直到j大于或等于maxneighbor，则current为此时的最小代价质心集合； （6）重复以上步骤numlocal次，取其中代价最小的质心集合为最终的质心集合； （7）按照最终的质心集合划分类别并输出。

与CLARA算法不同，CLARANS算法没有在任一给定的时间内局限于任一样本，而是在搜索的每一步都带一定随机性地选取一个样本。CLARANS算法的时间复杂度大约是$O(n^2)$，n是数据集中对象的数目。此算法的优点是：一方面改进了CLARA算法的聚类质量；另一方面拓展了数据处理量的伸缩范围，具有较好的聚类效果。但它的计算效率较低，且对数据的输入顺序敏感，只能聚类凸状或球形边界。

第四节 谱 聚 类

传统的聚类算法，如K均值算法和EM算法等都是建立在凸状或球形的样本空间上的，但当样本空间不为凸时，算法会陷入局部最优。为了能在任意形状的样本空间上聚类，且收敛于全局最优解，学者提出了谱聚类算法（spectral clustering algorithm）。该算法首先根据给定的样本数据集定义一个描述成对数据点相似度的亲和矩阵，并计算矩阵的特征值和特征向量，然后选择合适的特征向量聚类不同的数据点。谱聚类算法建立在图论中的谱图理论基础上，其本质是将聚类问题转化为图的最优划分问题，是一种点对聚类算法，对数据聚类具有很好的应用前景。

一、相似图

已知数据点$\boldsymbol{x}_1,\cdots,\boldsymbol{x}_n$和所有数据点对$\boldsymbol{x}_i$和$\boldsymbol{x}_j$的某种相似度$s_{ij}\geqslant 0$，求解的目标是将这些点分到若干簇中，其中簇内的点彼此相近，不同簇间的点彼此相异。在未知其他相似信息的情况下，将数据表示成相似图$G=(V,E)$的形式是一种很好的方法。相似图中的每一个顶点$\boldsymbol{v}_i$表示一个数据点$\boldsymbol{x}_i$。如果两个顶点对应的数据点$\boldsymbol{x}_i$和$\boldsymbol{x}_j$之间的相似度s_{ij}是正的或者大于某一设定的阈值，就在这两个顶点间画一条边，并给予这条边的权重为s。现在聚类问题已经转化成了相似图分割的问题：求一种图分割方法使各个簇间的边有较低的权重（不同数据簇内的点有较低的相似度)、各个簇内的边有较高的权重（同一数据簇内的点有较高的相似度)。

常用的相似图有如下三种。

（1）ε 近邻图。连接所有距离小于 ε 的点。因为被连接的点之间的距离处于同样的规模（最多为 ε)，给边赋予权值无法包含更多的信息。因此，ε 近邻图通常被用作无权图。

（2）k近邻图。k邻近图的目的是将 $\boldsymbol{v}_i$ 与它的 k 个最近的邻居 $\boldsymbol{v}_j$ 相连接。然而，因为邻居关系不是对称的，这样做的结果是一个有向图。有两种方法将其转化为无向图：一种方法是简单地忽略边的方向，只要 $\boldsymbol{v}_j$ 属于 $\boldsymbol{v}_i$ 的 k 个最近的邻居就用一条无向边将它们连接，使用这种方式生成的图通常被叫作k近邻图；另一种方法是只有 $\boldsymbol{v}_i$ 和 $\boldsymbol{v}_j$ 互相属于对方的 k 个最近的邻居才用一条无向边将它们连接，这种方式生成的图被称为互k近邻图。使用任何一种方式生成图后，再根据点之间的相似度给各个边赋予权值。

（3）全连接图。全连接图简单地将所有有着正相似度的点对进行连接，并赋予相应边的权重 s_{ij} 。图的目的是表示局部邻接关系，而这种方式只有在相似度度量方程能包含局部近邻关系时才有相应的作用。例如，经典的高斯方程 $s(\boldsymbol{x}_i,\boldsymbol{x}_i)=\exp(-\|\boldsymbol{x}_i-\boldsymbol{x}_i\|^2/(2\sigma^2))$ ，其中，σ 控制着邻居的宽度。σ 与 ε 近邻图中的 ε 起着一样的作用。

二、拉普拉斯矩阵

图的拉普拉斯矩阵是谱聚类算法的主要工具，对于这些矩阵的研究，有一个完整的研究领域，称为谱图理论。这里给出几种不同的拉普拉斯矩阵定义，并给出它们的特性。

首先，给出需要用到的一些基本定义。

无向图 $G=(V,E)$ ，其中，V 是顶点集，$V=\{v_1,\cdots,v_n\}$ ，顶点 $\boldsymbol{v}_i$ 和 $\boldsymbol{v}_j$ 的边的权重 $w_{ij}\geqslant 0$ 。图的邻接矩阵 $\boldsymbol{W}=(w_{ij})_{i,j=1,\cdots,n}, w_{ij}=0$ 表示 $\boldsymbol{v}_i$ 和 $\boldsymbol{v}_j$ 之间没有边。在无向图中，显然有 $w_{ij}=w_{ji}$ 。定义顶点 $\boldsymbol{v}_i\in V$ 的度为

$$d_i=\sum_{j=1}^{n}w_{ij}$$

注意，这个求和只与点 $\boldsymbol{v}_i$ 连接的点有关，对于其他的点 $\boldsymbol{v}_j$ ，权重 $w_{ij}=0$ 。度矩阵 $\boldsymbol{D}$ 是以 $d_1,\cdots,d_n$ 为元素的对角矩阵。给出点的子集 $A\subset V$ ，A 的补集 $\bar{A}$ 为 $V\cup A$ 。定义标示向量为 $(f_1,\cdots,f_n)^T\in\mathbf{R}^n$ ，其中当 $\boldsymbol{v}_i\in A$ 时 $f_i=1$ ，其余 $f_i=0$ 。为了方便，采用 $\boldsymbol{v}_i\in A$ 表示 $\{i|\boldsymbol{v}_i\in A\}$ ，见表示一个求和 $\sum_{i\in A}w_{ij}$ ，对于两个不相交集合 $A,B\subset V$ 定义：

$$W(A,B)=\sum_{i\in A,i\in B}w_{ij}$$

考虑度量子集 $A\in V$ 大小的两种不同的方法：

$|A|=A$ 中的顶点个数

$$\mathrm{vol}(A)=\sum_{i\in A}d_i$$

$|A|$ 使用 A 中顶点的个数表示 A 的大小，vol（A）使用与 A 相连的边的权重之和表示 A 的大小。如果一个子图 $A\subset V$ 中所有的顶点可以被包含在一条路径内，则这个子图是连通的。如果一个子图 A 是连通的，并且 A 和 $\bar{A}$ 之间是没有连接的，则 A 是原图的一个连通分量。一

个图分割是通过k个非空子集 $A_1,\cdots,A_k$ 表示原图的，且满足 $A_i\cap A_j=\varnothing$ 且 $A_1\cup\cdots\cup A_k=V$ 。

现在给出非归一化拉普拉斯矩阵和归一化拉普拉斯矩阵的定义及特性。

非归一化拉普拉斯矩阵定义：

$$\boldsymbol{L}=\boldsymbol{D}-\boldsymbol{W}$$

矩阵 $\boldsymbol{L}$ 有以下特性：

①对于任意向量 $\boldsymbol{f}\in\boldsymbol{R}^n$ 有 $\boldsymbol{f}^T\boldsymbol{L}\boldsymbol{f}=\frac{1}{2}\sum_{i,j=1}^{n}w_{ij}(f_i-f_j)^2$ 。

② $\boldsymbol{L}$ 是对称的半正定矩阵。

③ $\boldsymbol{L}$ 的最小特征值是0，对应的特征向量为常向量，即所有分量为 $\boldsymbol{I}$ 。

④ $\boldsymbol{L}$ 有n个非负实特征值 $0=\lambda_1\leqslant\lambda_2\leqslant\cdots\leqslant\lambda_n$ 。

常用的归一化拉普拉斯矩阵有两种，分别定义如下：

$$\begin{cases}\boldsymbol{L}_{\text{sym}}=\boldsymbol{D}^{-1/2}\boldsymbol{L}\boldsymbol{D}^{-1/2}=\boldsymbol{I}-\boldsymbol{D}^{-1/2}\boldsymbol{W}\boldsymbol{D}^{-1/2}\\ \boldsymbol{L}_{\text{rw}}=\boldsymbol{D}^{-1}\boldsymbol{L}=\boldsymbol{I}-\boldsymbol{D}^{-1}\boldsymbol{W}\end{cases}$$

归一化拉普拉斯矩阵有以下特性：

①对于任意 $\boldsymbol{f}\in\boldsymbol{R}^n$ 有 $f^T\boldsymbol{L}_{\text{sym}}\boldsymbol{f}=\frac{1}{2}\sum_{i,j=1}^{n}w_{ij}(\frac{f_i}{\sqrt{d_i}}-\frac{f_j}{\sqrt{d_j}})^2$ 。

② λ 是 $\boldsymbol{L}_{\text{rw}}$ 的特征值且对应特征向量为 $\boldsymbol{u}$ ，当且仅当 λ 是 $\boldsymbol{L}_{\text{sym}}$ 的特征值且对应特征向量为 $\boldsymbol{w}=\boldsymbol{D}^{1/2}\boldsymbol{u}$ 。

③ λ 是 $\boldsymbol{L}_{\text{rw}}$ 的特征值且对应特征向量为 $\boldsymbol{u}$ ，当且仅当 λ 和 $\boldsymbol{u}$ 是特征值问题 $\boldsymbol{L}\boldsymbol{u}=\lambda\boldsymbol{D}\boldsymbol{u}$ 的解。

④0是 $\boldsymbol{L}_{\text{rw}}$ 的特征值，对应的特征向量为常向量，即所有分量为 $\boldsymbol{1}$ 。0是 L_{sym} 的特征值，对应的特征向量为 $\boldsymbol{D}^{1/2}\boldsymbol{1}$ 。

⑤ $\boldsymbol{L}_{\text{sym}}$ 和 $\boldsymbol{L}_{\text{rw}}$ 为半正定矩阵，各有n个非负实特征值， $0=\lambda_1\leqslant\lambda_2\leqslant\cdots\leqslant\lambda_n$ 。

三、谱聚类算法

下面介绍经典的谱聚类算法。设数据为n个任意实体的点 $\boldsymbol{x}_1,\cdots,\boldsymbol{x}_n$ ，使用非负对称方程计算点对之间的相似性 $s_{ij}=s(\boldsymbol{x}_i,\boldsymbol{x}_j)$ ，定义相似度矩阵 $\boldsymbol{S}=(s_{ij})_{i,j=1,\cdots,n}$ 。非归一化谱聚类算法如算法4.7所示。

算法4.7：非归一化谱聚类算法

输入：相似矩阵 $\boldsymbol{S}\in\mathbf{R}^{n\times n}$ ，聚类簇数k。 输出：聚类结果 $A_1,\cdots,A_k$ ，其中 $A_i=\{j\vert y_i\in C_i\}$ 。
（1）构造相似图，用 $\boldsymbol{W}$ 表示它的带权的亲合矩阵； （2）计算非归一化拉普拉斯矩阵 $\boldsymbol{L}$ ； （3）计算 $\boldsymbol{L}$ 的前k个特征值及其对应的特征向量 $\boldsymbol{u}_1,\cdots,\boldsymbol{u}_k$ ； （4）定义矩阵 $\boldsymbol{U}\in\mathbf{R}^{n\times k}$ ， $\boldsymbol{U}$ 的各列为 $\boldsymbol{u}_1,\cdots,\boldsymbol{u}_k$ ； （5）定义向量 $\boldsymbol{y}_i\in\mathbf{R}^k_{i=1,\cdots,n}$ 对应 $\boldsymbol{U}$ 的第i行； （6）在空间 $\mathbf{R}^k$ 中对数据点 $(\boldsymbol{y}_i)_{i=1,\cdots,n}$ 应用K均值算法得到聚类 $C_1,\cdots,C_k$ 。

不同的归一化拉普拉斯矩阵对应着两种不同的归一化谱聚类方法，如算法4.8和算法4.9所示。

算法4.8：归一化谱聚类算法（使用 L_{rw} 矩阵）

输入：相似矩阵 $\boldsymbol{S}\in\mathbf{R}^{n\times n}$，聚类簇数 k。 输出：聚类结果 $A_1,\cdots,A_k$，其中 $A_i=\{j\vert y_i\in C_i\}$。
(1)构造相似图，用 $\boldsymbol{W}$ 表示它的带权的亲和矩阵； (2)计算非归一化拉普拉斯矩阵 $\boldsymbol{L}$； (3)解广义特征问题 $\boldsymbol{Lu}=\lambda\boldsymbol{Du}$ 的前 k 个特征及其对应的特征向量 $\boldsymbol{u}_1,\cdots,\boldsymbol{u}_k$； (4)定义矩阵 $\boldsymbol{U}\in\boldsymbol{R}^{n\times k}$，$U$ 的各列为 $u_1,\cdots,u_k$； (5)定义向量 $\boldsymbol{y}_i\in\boldsymbol{R}^k_{i=1,\cdots,n}$ 对应 U 的第 i 行； (6)在空间 $\boldsymbol{R}^k$ 中对数据点 $(y_i)_{i=1,\cdots,n}$ 应用K均值算法得到聚类 $C_1,\cdots,C_k$。

注意，上述算法使用了 $\boldsymbol{L}$ 的广义特征向量，这等价于使用对应的矩阵 $\boldsymbol{L}_{rw}$ 的特征向量。事实上，本算法计算的是归一化矩阵 $\boldsymbol{L}_{rw}$ 的特征向量，所以将这个算法称为归一化谱聚类算法。下一种算法也是一种归一化谱聚类算法，不同之处在于归一化矩阵由 $\boldsymbol{L}_{rw}$ 换成了 $\boldsymbol{L}_{sym}$。可见，这需要加入一个其他算法中没有的步骤，就是对矩阵的行进行归一化。

算法4.9：归一化谱聚类算法（使用 L_{sym} 矩阵）

输入：相似矩阵 $\boldsymbol{S}\in\boldsymbol{R}^{n\times n}$，聚类簇数 k。 输出：聚类结果 $A_1,\cdots,A_k$，其中 $A_i=\{j\vert y_i\in C_i\}$。
(1) 构造相似图，用 $\boldsymbol{W}$ 表示它的带权的亲和矩阵； (2) 计算非归一化拉普拉斯矩阵 $\boldsymbol{L}_{sym}$； (3) 计算 $\boldsymbol{L}_{sym}$ 的前 k 个特征值及其对应的特征向量 $\boldsymbol{u}_1,\cdots,\boldsymbol{u}_k$； (4) 定义矩阵 $\boldsymbol{U}\in\boldsymbol{R}^{n\times k}$，$\boldsymbol{U}$ 的各列为 $\boldsymbol{u}_1,\cdots,\boldsymbol{u}_k$； (5) 归一化矩阵 $\boldsymbol{U}$ 得到矩阵 $\boldsymbol{T}\in\boldsymbol{R}^{n\times k}$，即使矩阵各行的模为1，$t_{ij}=u_{ij}\Big/\left(\sum_k u_{ik}^2\right)^{1/2}$； (6) 定义向量 $y_i\in\mathbf{R}^k_{i=1,\cdots,n}$ 对应 T 的第 i 行； (7) 在空间 $\mathbf{R}^k$ 中对数据点 $(y_i)_{i=1,\cdots,n}$ 应用K均值算法得到聚类 $C_1,\cdots,C_k$。

这三种算法相当类似，除了使用了不同的拉普拉斯矩阵。这三种算法的核心都是将抽象数据点 $\boldsymbol{x}_i$ 表示为 $\boldsymbol{y}_i\in\mathbf{R}^k$。由图的拉普拉斯矩阵的特性可知，这种表示的改变是十分有用的，这种表示加强了数据点间的聚类特性，使得聚类可以被容易地计算出来。简单的K均值算法在这种新的表示下就可以容易地计算出聚类结果。

谱聚类算法背后有着各种不同思想的支持，包括切图理论、随机游走理论和扰动理论等。尽管目前在应用中谱聚类算法表现出了相当优秀的效果，但是其背后的理论支持体系仍然有待于进一步完善。目前，如何更好地构造亲和矩阵，如何更高效地求解特征值和特征向量，如何处理大规格数据，如何进行并行计算，如何确定参数（包括聚类数目和选择哪种拉普拉斯矩阵等）是目前关于谱聚类研究的几个热点问题。

第五节　基于约束的聚类

基于约束的聚类在聚类过程中体现用户的偏好和约束，这种偏好或约束包括期望的簇数目、簇的最大或最小规模、不同对象的权重，以及对聚类结果的其他期望特征等。基于约束的聚类能发现用户指定偏好或约束的簇。根据约束的性质，基于约束的聚类可以采用不同的方法。

（1）个体对象的约束。可以对待聚类的对象指定约束，这种约束限制了聚类的对象集。

（2）聚类参数选择的约束。用户对每个聚类参数设定了一个期望的范围。对于给定的聚类算法，聚类参数通常是明确的，如K均值算法中期望的簇数为k。尽管这种用户指定的参数可能对聚类结果具有很大的影响，但是它们通常只对算法本身进行限制。因此，对这些参数的微调和处理并不认为是一种基于约束的聚类。

（3）距离或相似度函数的约束。用户可以对聚类对象的特定属性指定不同的距离或相似度函数，或者对特定的对象指定不同的距离度量。

（4）用户对各个簇的性质指定约束。用户指定结果簇应该具有的性质，这可能会对聚类过程有很大的影响。这种基于约束的聚类在实际应用中很常见，常称为用户约束聚类分析。

（5）基于“部分”监督的半监督聚类。使用某种弱监督形式，可以明显地改进无监督聚类质量，这种被约束的聚类过程称为半监督聚类。

一、含有障碍物的对象聚类

障碍物问题的一个经典例子：如何不游泳而使用河对面的自动取款机。这种障碍物对象及其影响可以通过重新定义对象间的距离函数得以体现。使用划分方法聚类含有障碍物的对象时，在每次迭代中，只要簇中心发生改变，与其相关的每个对象到簇中心的距离都要重新计算。然而，由于障碍物的存在，这种重新计算的代价是十分昂贵的。在这种情况下，就需要针对大数据集上含有障碍物对象的聚类开发更有效的方法。

障碍物问题的实质是对距离函数产生约束。划分的聚类方法是解决障碍物问题一种较好的选择，因为它能最小化对象和其簇中心之间的距离。如果选择K均值算法，在障碍物存在的情况下，簇中心可能是不可达的。例如，簇均值可能会落在一个河中央。而K中心点算法选择簇中心的对象作为簇中心，因此保证了这样的问题不会发生。注意，每次选出新的中心点后，必须重新计算每个对象到新簇中心点的距离。由于两个对象之间可能存在障碍物，它们之间的距离可能需要利用几何计算推导。如果涉及大量对象和障碍物，这种计算代价可能很高。

含有障碍物的聚类问题可以用图形符号表示。首先，如果在区域R内连接点$\boldsymbol{p}$和点$\boldsymbol{q}$的直线不与任何障碍物相交，则称点$\boldsymbol{p}$是从点$\boldsymbol{q}$可见的。定义图$VG=(V,E)$是一个可见图，其中V是点集，E是边集。如果每个障碍物的顶点对应V中的一个节点，并且当且仅当V中的两个节点$\boldsymbol{v}_1$和$\boldsymbol{v}_2$彼此可见时，它们被E中的一条边相连。结合可见图和划分方法，可对含有障碍物的聚类问题进行计算，在涉及大量数据的数据挖掘领域，使用进一步的预处理和优化方法来降低计算开销，提高聚类方法的效率。

二、用户约束的聚类分析

下面将介绍一个用户约束的聚类分析的经典例子。一家快递公司的快递送达服务满足约束：①每站至少服务100个高价值客户；②每站至少服务5 000个普通客户。基于用户约束的聚类需要对上述的约束予以考虑。这是一个位置确定问题，更加明确地说是确定共服务n个客户的k个服务点的位置，使客户和服务点之间的路程最小。本质上，可以认为这是一个受约束的最优化问题。然而，用数学规划方法解决这个问题的代价是巨大的，如要联立数百万的方程，而一种有效的方法是采用一种微聚类的思想。

把大数据集聚类成满足用户指定约束的k个簇的基本思想如下：首先，把数据集划分为k组从而寻找一个初始“解”，每组满足用户指定的约束；然后，把对象从一个簇转移到另一个簇来迭代地改进这个解，同时还要满足那些约束。在实际应用中，往往会涉及几个簇之间的互相转移，这就需要同时注意避免死锁的问题。这种方法能确保良好的效率和可伸缩性，可以对大型数据集实施有效的聚类。

三、半监督聚类分析

与监督学习相比，聚类过程缺少用户或分类器的指导，因此可能会产生不够理想的簇。使用某种弱监督形式，如逐对约束，即成对对象表明属于相同或者不同的簇，可以显著地改进无监督聚类的质量，这种基于用户反馈或指导约束的聚类过程称为半监督聚类。

半监督聚类方法可以分为两类：基于约束的半监督聚类和基于距离的半监督聚类。基于约束的半监督聚类依靠用户提供的标号或约束指导算法，从而产生更合适的数据划分，这包括基于约束修改目标函数，或基于已标记对象初始化和约束聚类过程；基于距离的半监督聚类使用一种自适应距离度量，该度量被训练，以满足监督聚类数据中的标号或约束。有几种不同的自适应距离度量被使用过，如使用EM方法训练得到的串编辑距离和由最短激励算法修订过的欧氏距离。

基于决策树的聚类（CLTree）是一种结合了两种思想的聚类方法，它是一种基于约束的半监督聚类。它把聚类任务转化成分类任务，即将数据点集看成一类，标记为“Y”；接着添加一组分布相对均匀的“不存在的点”，使用类标记“N”；然后将数据空间划分为数据稠密区域和空白稀疏区域，进而转化为分类问题。这样可以使用决策树归纳方法划分这个二维空间。实际使用时，“N”点的添加可以仅仅假设而不做物理添加，这样可以避免很多问题，同时不影响结果。

决策树分类方法使用一种度量，通常基于信息增益来为决策点选择属性测试，然后根据测试或“切割”对数据进行分裂或划分。但是，对于聚类这样做可能导致某些簇的片段分裂到离散区域。为了解决这个问题，开发了一些方法，这些方法使用信息增益，但保留“向前看”能力，即CLTree首先找出一个初始的切割，然后向前看，找出对簇区域切割较少的更好的划分。它找出那些形成具有较低相对密度的区域的切割，其基本思想是：要尽可能形成一个大的空区域切割点分裂，该空区域更加有可能把簇分开。通过这样的调整，CLTree可以在高维空间中完成高质量的聚类。由于决策树方法通常只选择属性的一个子集，所以它还可以发现子空间簇。

第六节　在线聚类

针对数据会随时间发生变化的数据集，常规的聚类算法很难处理，因而研究者提出在线聚类算法处理这类问题。通常的聚类算法都明确地或者隐含地优化一个全局准则函数，聚类结果也常常表现出对于准则函数中参数变化过于敏感的缺点，特别是当这些算法用于在线学习时，可能会出现聚类结构不稳定的问题、簇的波动或者漂移。在线聚类希望系统可以从新出现的数据中学到知识或者捕获信息，这就要求它必须是自适应的，具有一定的“可塑性”，从而允许新类别的产生。另外，如果数据的内部结构不稳定而且新获得的信息会造成较大的结构重组，问题就会变得比较复杂，因而不能把问题只归因于特定的聚类描述。这个问题被称为稳定性/可塑性两难问题。

产生这个问题的原因之一就是聚类算法使用了全局准则，每个新到的样本都可能影响一个聚类中心的位置，不管这个样本距离中心有多远。为此，有学者提出一种称为“竞争学习”的算法，只对与新到样本最相似的一个聚类中心进行调整。因此，与该样本无关的其他类的性质得以保留。竞争学习源自神经网络，在线聚类算法是多种思想结合的产物。下面介绍一种简单的方法，它可以看作串行K均值算法的一种改进。

竞争学习算法以神经网络学习规则为基础，与判定导向的K均值算法有内在的联系。竞争学习和判定导向都是先初始化类别数和聚类中心，并在聚类过程中按照某种规则暂时将样本分到某一类。但它们在更新聚类中心时表现出不同的方式：对判定导向的算法而言，每个类中心被更新为当前类中所有数据点的均值；而在竞争学习算法中，只有与输入模式最相似的类别的中心得到了更新。结果是，在竞争学习算法中，离输入模式很远的类别不会改变。

第七节　聚类与降维

聚类就是按照某个特定标准（如距离准则）把一个数据集分成不同的簇，使得同一簇内的数据相似性尽可能高，同时不在同一个簇中的数据差异性尽可能高。降维是一种对高维特征数据预处理的方法，它用维数更低的子空间来表示原来高维的特征空间。降维是将高维度的数据保留下最重要的一些特征，去除噪声和不重要的特征，从而实现提升数据处理速度的目的。降维具有如下一些优点：使得数据集更易使用，降低算法的计算开销，去除了噪声，使得结果容易理解。

大多数聚类方法都是为聚类低维数据设计的，当数据的实际维度很高时，这些方法往往效果不佳。因为当维度增加时，通常只有少数几维与某些簇相关，但其他不相关维的数据可能会产生大量的噪声而屏蔽真实的簇。此外，随着维度的增加，数据通常会变得更加稀疏，因为数据点可能大多分布在不同维的子空间中，当数据特别稀疏时，位于不同维的数据点可以认为是距离相等的，这样一来，聚类分析中重要的距离度量就失去意义。

解决这个问题的方法有两种，分别是特征选择技术和特征变换技术。

（1）特征选择技术又称“属性子集选择”或者“特征子集选择”，对它最简单的理解就是从高维数据中选择出若干最“有用”的维度进行聚类计算。选择属性子集的过程一般可以用有监督的方法，如找出与所求问题最相关的属性集。同时，它也可以使用无监督的方法，如熵分析等。

（2）特征变换技术把数据转换到一个较小的空间，同时保持对象间原始的相对距离。它们通过创建属性的线性组合等方式来汇总数据，可能发现数据中的隐藏结构。然而，这种技术没有真正地从分析中剔除任何原始属性，所以当原数据中出现大量不相关属性时，此方法仍可能出现问题。此外，变换后产生的属性有可能是无法解释的，从而使聚类出的结果不一定有实际用途。

特征值变换技术在研究领域也被称为“主成分分析”（PCA）。主成分分析主要有两种实现方式：特征值分解和奇异值分解。特征值分解和奇异值分解在机器学习领域都有非常广泛的应用。两者有着很紧密的关系，特征值分解和奇异值分解的目的都是提取出矩阵最重要的特征。

①特征值分解

如果一个向量 $\boldsymbol{v}$ 是方阵 $\boldsymbol{A}$ 的特征向量，则有：

$$\boldsymbol{A}\boldsymbol{v}=\lambda\boldsymbol{v} \tag{4-22}$$

式中，λ 为特征向量 $\boldsymbol{v}$ 对应的特征值，一个矩阵的一组特征向量是一组正交向量。

特征值分解是将一个矩阵分解成下面的形式：

$$\boldsymbol{A}=\boldsymbol{Q}\boldsymbol{E}\boldsymbol{Q}^{-1} \tag{4-23}$$

式中，$\boldsymbol{Q}$ 为矩阵 $\boldsymbol{A}$ 的特征向量组成的矩阵；E 为一个对角阵，每一个对角线上的元素就是一个特征值。例如，矩阵 $\boldsymbol{M}$：

$$\boldsymbol{M}=\begin{bmatrix}3 & 0\\0 & 1\end{bmatrix}$$

一个矩阵乘以一个向量后得到的向量，其实就相当于将这个向量进行了线性变换。矩阵 $\boldsymbol{M}$ 乘以向量（x，y）：

$$\begin{bmatrix}3 & 0\\0 & 1\end{bmatrix}\begin{bmatrix}x\\y\end{bmatrix}=\begin{bmatrix}3x\\y\end{bmatrix}$$

上面的矩阵是对称的，所以这个变换是对 x，y 轴方向的一个拉伸变换（每一个对角线上的元素将会对一个维度进行拉伸变换。当值大于1时，它是拉长的；当值小于1时，它是缩短的）。当矩阵不是对称的时候，如下面的矩阵：

$$\boldsymbol{M}=\begin{bmatrix}1 & 1\\0 & 1\end{bmatrix}$$

当矩阵在高维的情况下，这个矩阵就是高维空间下的一个线性变换，这个变换有很多的变换方向，通过特征值分解得到的前 N 个特征向量，就对应于这个矩阵最主要的N个变化方向。利用这前 N 个变化方向，就可以近似这个矩阵（变换），即提取这个矩阵最重要的特征。特征值分解可以得到特征值与特征向量，特征值表示的是这个特征到底有多重要，而特征向量表示这个特征是什么。可以将每一个特征向量理解为一个线性的子空间，可以利用这些线性的子空间做很多的事情。不过，特征值分解也有很多的局限，比如说变换的矩阵必须是方阵。

②奇异值分解

奇异值分解实质上是将上述分解从方阵推广到任意矩阵的一种分解方法：

$$\boldsymbol{A}=\boldsymbol{U\Sigma V}^T \tag{4-24}$$

式中，各矩阵的计算方法这里不再赘述。

PCA的问题其实是一个基变换，使得变换后的数据有着最大的方差。方差的大小描述的是一个变量的信息量，一个数据值越稳定，其方差越小。而在机器学习领域，训练数据的方差大才有意义，不然输入的数据都是同一个点，那方差就为0了，这样输入的多个数据就等同于一个数据了。

PCA就是在原始的空间中顺序地找一组相互正交的坐标轴，第1个轴是使得方差最大的轴，第2个轴是在与第一个轴正交的平面中使得方差最大的轴，第3个轴是在与第1、2个轴正交的平面中使得方差最大的轴。假设在N维空间中，可以找到N个这样的坐标轴，取前r个去近似这个空间，这样就从一个N维的空间压缩到r维的空间，但是我们选择的r个坐标轴能够使得数据在空间中压缩的损失最小。

实质上，PCA的数学表示为

$$\boldsymbol{A}_{m\times n}\boldsymbol{P}_{n\times r}=\tilde{\boldsymbol{A}}_{m\times r} \tag{4-25}$$

奇异值分解的数学表示为

$$\boldsymbol{A}_{m\times n}\approx\boldsymbol{U}_{m\times r}\boldsymbol{\Sigma}_{r\times r}\boldsymbol{V}_{r\times n}^T \tag{4-26}$$

这两个公式可以分别变换为

$$\boldsymbol{P}_{r\times m}\boldsymbol{A}_{m\times n}=\tilde{\boldsymbol{A}}_{r\times n}\text{ 和 }\boldsymbol{U}_{r\times m}^T\boldsymbol{A}_{m\times n}\approx\boldsymbol{\Sigma}_{r\times r}\boldsymbol{V}_{r\times n}^T$$

可见，经过推导式（4-21）、式（4-22）可得相同形式。所以，PCA几乎可以说是对奇异值分解（SVD）的一个包装。如果实现了奇异值分解，也就实现了PCA，而且更好的地方是，有了SVD，可以得到两个方向的PCA，如果我们对A^TA进行特征值的分解，只能得到一个方向的PCA。

PCA中求解的特征值也就是谱聚类算法中提到的谱，所以特征值及特征分解的含义也就是谱聚类中计算谱的意义。因此，谱聚类过程也常被看作先对数据谱分解或者谱降维，然后使用经典算法对降维后的结果进行聚类。

第五章　支持向量机

第一节　统计学习理论

传统统计学研究的是样本数量趋于无穷大时的渐进理论，但在实际问题中，样本数通常很有限，因此一些理论上很优秀的学习方法在实际应用中的表现未必尽如人意。统计学习理论（SLT）研究始于20世纪60年代末。苏联统计学家万普尼克和切尔沃宁基斯做了大量开创性和奠基性的工作。1964年，万普尼克和切尔沃宁基斯提出了硬边距的线性支持向量机（SVM）。20世纪90年代，该理论被用来分析神经网络。1992年，瑞士科学家博泽、法国科学家盖恩和万普尼克通过核方法提出了非线性支持向量机。1995年，丹麦计算机科学家科尔特斯和万普尼克提出了软边距的非线性支持向量机，并将其应用于手写字符识别问题。20世纪90年代中期，基于该理论设计的支持向量机在解决小样本、非线性及高维模式识别中表现出许多特有的优势，并能够推广应用到函数拟合等其他机器学习问题中。

统计学习理论适用研究小样本统计和预测的理论，其核心内容是：经验风险最小化、VC维（VC dimension）和结构风险最小化。

一、经验风险最小化

下面针对典型的两类模式识别问题讨论经验风险最小化。设给定的训练集为

$$(\boldsymbol{x}_1,y_1),(\boldsymbol{x}_2,y_2),\cdots,(\boldsymbol{x}_l,y_l),\boldsymbol{x}_i\in\mathbf{R}^n,\ y_i\in\{-1,1\}$$

训练样本与测试样本都要满足一个未知的联合概率 $P(\boldsymbol{x},y)$ 。通过一组函数 $\{f(\boldsymbol{x},\alpha),\alpha\in\Lambda\}$ 进行学习，学习的目的是确定参数 α 。通常称 $f(\boldsymbol{x},\alpha)$ 为假设(hypothesis)，$\{f(\boldsymbol{x},\alpha),\alpha\in\Lambda\}$ 为假设空间（hypothesis space），记为H。

定义5.1：期望风险。对于一个已训练的机器，测试错误的期望风险为

$$R(\alpha)=\int\frac{1}{2}\left|y-f(\boldsymbol{x},\alpha)\right|dP(\boldsymbol{x},y) \tag{5-1}$$

由于 $P(\boldsymbol{x},y)$ 为未知，因此无法直接计算 $R(\alpha)$ 。但是，对于给定的训练集，则可以计算经验风险 $R_{\text{emp}}(\alpha)$ 。

定义5.2：经验风险。对于给定的训练集，经验风险为

$$R_{\text{emp}}(\alpha)=\frac{1}{2l}\sum_{i=1}^{l}\left|y_i-f(\boldsymbol{x}_i,\alpha)\right| \tag{5-2}$$

对于一个给定的训练集，$R_{\text{emp}}(\alpha)$ 是确定的。通常将式（5-2）中的 $\frac{1}{2}\left|y_i-f(\boldsymbol{x}_i,\alpha)\right|$ 称为损失函数。

大数定理可以保证随着训练样本数目的增加，$R_{\text{emp}}(\alpha)$ 可收敛于 $R(\alpha)$ 。经验风险最小化

归纳法（ERM inductive principle）就是用经验风险 $R_{emp}(\alpha)$ 代替期望风险 $R(\alpha)$，用使经验风险 $R_{emp}(\alpha)$ 最小的 $f(x,\alpha_l)$ 来近似使期望风险 $R(\alpha)$ 最小化的 $f(x,\alpha_0)$。ERM建立在一个基本假设上，即如果 $R_{emp}(\alpha)$ 收敛于 $R(\alpha)$，则 $R_{emp}(\alpha)$ 的最小值收敛于 $R(\alpha)$ 的最小值。这也称为ERM是收敛的。实验结果证明，ERM收敛的充要条件是 $R_{emp}(\alpha)$ 依概率一致收敛于 $R(\alpha)$。

二、VC维

学习系统的容量对其泛化能力有重要影响。低容量的学习系统只需要较小的训练集，高容量的学习系统则需要较大的训练集，但其所获的解将优于前者。对于给定的训练集，高容量学习系统的训练集误差和测试集误差之间的差别将大于低容量的学习系统。万普尼克指出，对学习系统来说，训练集误差与测试集误差之间的差别是训练集规模的函数，该函数可以由学习系统的VC维表征。换言之，VC维表征了学习系统的容量。

有学者将VC维定义为：设F为一个从n维向量集X到$\{0,1\}$的函数族，则F的VC维为X的子集E的最大元素数，其中，E满足对于任意 $S\subseteq E$，总存在函数 $f_s\in F$，使得当 $x\in S$ 时 $f_s=1$，$\boldsymbol{x}\notin S$，但 $\boldsymbol{x}\in E$ 时 $f_s=0$。

VC维可作为函数族F复杂度的度量，它是一个自然数，其值有可能为无穷大，表示无论以何种组合方式出现均可被函数族F正确划分为两类的向量个数的最大值。对于实函数族，可定义相应的指示函数族，该指示函数族的VC维即为原实函数族的VC维。

为便于讨论，首先针对典型的二元模式识别问题进行分析。设给定训练集为 $\{(\boldsymbol{x}_1,y_1),(\boldsymbol{x}_2,y_2),\cdots,(\boldsymbol{x}_i,y_i)\}$，其中 $\boldsymbol{x}_i\in\mathbf{R}^n$，$y_i\in\{0,1\}$。显然，$\boldsymbol{x}_i$ 是一个n维输入向量，y_i 为二值期望输出。再假设训练样本与测试样本均满足样本空间的实际概率分布 $P(x,y)$。

对基于统计的学习方法来说，学习系统可以由一组二值函数 $\{f(\boldsymbol{x},\alpha),\alpha\in\Lambda\}$ 表征，其中参数 α 可以唯一确定函数 $f(\boldsymbol{x},\alpha)$，Λ 为 α 所有可能的取值集合。因此，$\{f(\boldsymbol{x},\alpha),\alpha\in\Lambda\}$ 的VC维也表征了该学习系统的复杂度，即学习系统的最大学习能力，并将其称为该学习系统的VC维。学习的目的就是通过选择一个参数 α^*，使得学习系统的输出 $f(\boldsymbol{x},\alpha^*)$ 与期望输出y之间的误差概率最小化，即出错率最小化。出错率也称为“期望风险”，如式（5-1）所示，$P(\boldsymbol{x},y)$ 为样本空间的实际概率分布，由于 $P(\boldsymbol{x},y)$ 通常是未知的，因此无法直接计算 $R(\alpha)$。但是，对给定的训练集，其经验风险 $R_{emp}(\alpha)$ 却是确定的，如式（5-2）所示。$(\boldsymbol{x}_i,y_i)$ 为训练样本，l 为训练集中的样本数，即训练集规模。由数理统计中的大数定理可知，随着训练集规模的扩大，$R_{emp}(\alpha)$ 将逐渐收敛于 $R(\alpha)$。

基于统计的学习方法大多建立在经验风险最小化原则的基础上，其思想就是利用经验风险 $R_{emp}(\alpha)$ 代替期望风险 $R(\alpha)$，用使 $R_{emp}(\alpha)$ 最小的 $f(x,\alpha_l)$ 来近似使 $R(\alpha)$ 最小的 $f(x,\alpha_0)$。这类方法有一个基本的假设，即如果 $R_{emp}(\alpha)$ 收敛于 $R(\alpha)$，则 $R_{emp}(\alpha)$ 的最小值收敛于 $R(\alpha)$ 的最小值。实验结果证明，该假设成立的充要条件是函数族 $\{f(x,\alpha),\alpha\in\Lambda\}$ 的VC维为有限值。

万普尼克证明，期望风险 $R(\alpha)$ 满足一个上界，即任取 η 满足 $0\leqslant\eta\leqslant1$，下列边界以概率 $1-\eta$ 成立：

$$R(\alpha)\leqslant R_{emp}(\alpha)+\sqrt{\frac{h(\ln(2l/h)+1)-\ln(\eta/4)}{l}} \tag{5-3}$$

式中，h 为函数族 $\{f(\boldsymbol{x},\alpha),\alpha\in\Lambda\}$ 的VC维；l 为训练集规模。

式（5-3）右侧第二项通常称为VC置信度。由式（5-3）可以看出，当学习系统VC维与训练集规模的比值很大时，即使经验风险 $R_{\text{emp}}(\alpha)$ 较小，也无法保证期望风险 $R(\alpha)$ 较小，即无法保证学习系统具有较好的泛化能力。因此，要获得一个泛化性能较好的学习系统，就需要在学习系统的VC维与训练集规模之间达成一定的均衡。

三、结构风险最小化

ERM原则在样本有限时是不合理的，需要同时最小化经验风险和置信范围。其实，在传统方法中，选择学习模型和算法的过程就是调整置信范围的过程，如果模型比较适合现有的训练样本，则可以取得比较好的效果。但因为缺乏理论指导，这种选择只能依赖先验知识和经验，造成了如神经网络等方法对使用者“技巧”的过分依赖。

统计学习理论给出了一种新的策略，在假设空间 H 中定义一个函数集子集

$$S_1 \subset S_2 \subset \cdots \subset S_n \subset \cdots$$

每个 H_n 的VC维数 h_n 为有限值，于是有

$$h_1 \leqslant h_2 \leqslant \cdots \leqslant h_n \leqslant \cdots$$

对于每个子空间 H_n，计算出它的 h_n，找到 H_n 中使经验风险最小的函数，得到 H_n 中期望风险的最佳上界。在嵌套结构中，逐层进行这一过程，直至得到期望风险的最佳上界。即使各个子集按照VC维的大小排列，也要在每个子集中寻找最小经验风险，在子集间折中考虑经验风险和置信范围，以取得最小化的实际风险，如图5-1所示。

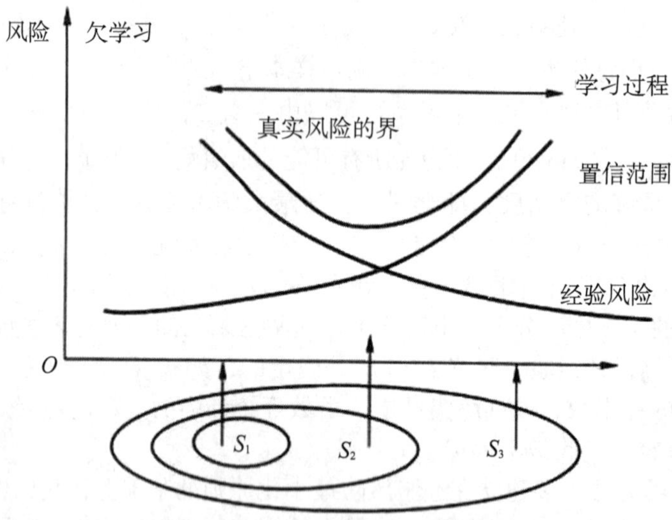

图5-1　结构风险最小化原则示意图

这种方法称为结构风险最小化（SRM）归纳法。可以有两种思路实现SRM归纳法：一是在每个子集中求最小经验风险，然后选择使最小经验风险和置信范围之和最小的子集。显然这种方法比较费时，当子集数目很大甚至无穷时不可行。因此有第二种思路，即设计函数集的某种结构使每个子集中都能取得最小的经验风险（如使训练误差为0），然后只需要选择适当的子集使置信范围最小，则这个子集中使经验风险最小的函数就是最优函数。支持向量机方法实际上就是这种归纳法的具体实现。

第二节　支持向量机的基本原理

支持向量机（SVM）是基于统计学习理论的机器学习方法，其基本思想是：定义最优超平面，并把寻找最优超平面的算法归结为求解一个凸规划问题。这里的超平面包括线性最优超平面和非线性最优超平面两类。与之相对应的支持向量机分别为线性支持向量机（数据线性可分和数据线性不可分情况）、非线性支持向量机，即

•线性最优超平面→线性支持向量机 $\begin{cases}\text{数据线性可分}\\\text{数据线性不可分：引入松弛变量}\end{cases}$

•非线性最优超平面→非线性支持向量机：引入核函数

对于非线性超平面，基于Mercer核展开定理，通过用内积函数定义的非线性变换将输入空间映射到一个高维空间（希尔伯特空间），在这个高维空间中寻找输入变量和输出变量之间的关系，简单地说就是“升维”和“线性化”。升维，即把样本向高维空间做映射，一般只会增加计算的复杂性，甚至会引起“维数灾难”。但是对于分类、回归等问题来说，很可能在低维样本空间无法线性处理的样本集，在高维特征空间却可以通过一个线性超平面实现线性划分（或回归）。SVM的线性化是在变换后的高维空间中应用解线性问题的方法来进行计算的。在高维特征空间中得到的是问题的线性解，但与之相对应的却是原来样本空间中问题的非线性解。一般的升维会带来计算的复杂化，SVM算法巧妙地解决了这两个难题：由于应用了核函数的展开定理，所以根本不需要知道非线性映射的显式表达式；由于是在高维特征空间中建立线性学习机的，所以与线性模型相比，不但几乎不增加计算的复杂性，而且在某种程度上避免了“维数灾难”。这一切要归功于核的展开和计算理论。SVM算法就是在核特征空间上使用最优化理论有效地训练线性学习器，同时还考虑了学习器的泛化性问题。

支持向量机有着严格的理论基础，采用结构风险最小化原则，具有很好的推广能力。支持向量机算法是一个凸二次优化问题，保证找到的解是全局最优解：能较好地解决小样本、非线性、高维数和局部极小点等实际问题。

第三节　支持向量机分类器

一、线性支持向量机分类器

（一）数据线性可分情况

支持向量机理论是从数据线性可分情况下的最优分类面发展而来的，其基本思想可用图5-2所示的二维情况来说明。

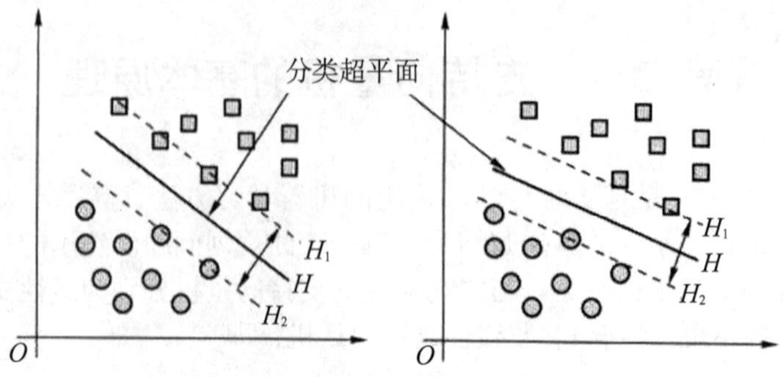

图 5-2　数据线性可分情况下的分类面

图5-2中，圆和矩形分别代表两类样本，H 为分类面，H_1、H_2 分别为各类中离分类面最近的样本且平行于分类面，它们之间的距离称为分类间隔。所谓最优分类面，就是要求分类面不但能将两类正确分开（训练错误率为0），而且要使分类间隔最大。

设存在线性可分的训练样本

$$(\boldsymbol{x}_i,y_i),\boldsymbol{x}_i\in\mathbf{R}^n,y_i\in\{-1,1\},i=1,\cdots,l$$

通过寻找一个超平面使得这两类样本完全分开，且使分类超平面具有更好的推广能力。从图5-3和图5-4中可以了解到，能将两类样本正确分开的超平面有无数多个，那么如何求得最优的分类超平面呢？从直观上可以清楚地理解，所谓最优分类超平面，就是不但能将两类样本正确划分，而且使每一类数据和超平面距离最近的点与超平面之间的距离最大，即分类间隔最大，如图5-4所示。

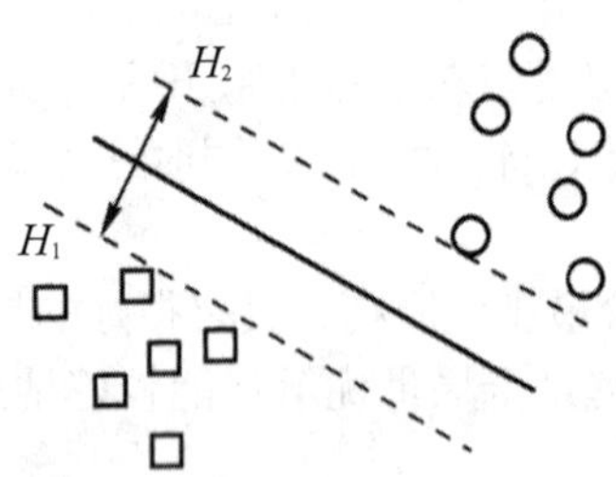

图 5-3　分类间隔较小的分类面

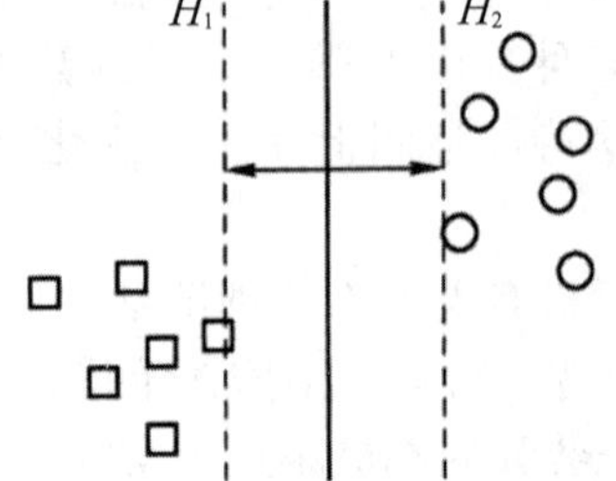

图 5-4　最大分类间隔的最优分类面

下面从数学上进行推导，设分类超平面为

$$(\boldsymbol{w}\cdot\boldsymbol{x})+b=0$$

其中，·是向量点积。当两类样本线性可分时，不妨设下面条件满足

$$(\boldsymbol{w}\cdot\boldsymbol{x})+b\geqslant 1 \quad 对于\ y_i=1 \tag{5-4}$$

$$(\boldsymbol{w}\cdot\boldsymbol{x})+b\leqslant -1 \quad 对于\ y_i=-1 \tag{5-5}$$

现在考虑使式（5-4）和式（5-5）等号成立的那些点，也就是距离超平面最近的两类点，只要成比例地调整 $\boldsymbol{w}$ 和 b 的值，就一定能保证这样的点存在，而且对分类结果并没有影响。设两个超平面为

$$H_1=(\boldsymbol{w}\cdot\boldsymbol{x})+b=1,\ \ H_2=(\boldsymbol{w}\cdot\boldsymbol{x})+b=-1$$

则超平面 H_1 到原点的距离为 $|1-b|/\|\boldsymbol{w}\|$，超平面 H_2 到原点的距离为 $|-1-b|/\|\boldsymbol{w}\|$。

因此，H_1 和 H_2 之间的距离为 $2/\|\boldsymbol{w}\|$，它被称为分类间隔。因此，使分类间隔最大就是使 $\|\boldsymbol{w}\|$ 最小。H_1、H_2 上的训练样本点称为支持向量（SV）。

另外，还可以从VC维的角度来考虑分类间隔问题。统计学习理论指出，在N维空间中，设样本分布在一个半径为 R 的超球体范围内，则满足条件 $\|\boldsymbol{w}\| \leqslant A(A>0)$ 的正则超平面构成的指标函数集（sgn是符号函数）的VC维满足下面的界

$$p \leqslant \min\left\{A^2, R^2, N\right\} + 1$$

因此，使 $\|w\|^2$ 最小就是使VC维的上界最小，从而实现结构风险最小化。

综上所述，最优超平面可以通过下面的二次规划来求解

$$\min \frac{1}{2}\|\boldsymbol{w}\|^2$$

约束为

$$y_i(\boldsymbol{w} \cdot \boldsymbol{x}_i + b) - 1 \geqslant 0,\ i = 1, \cdots, l \tag{5-6}$$

利用拉格朗日（Lagrange）优化方法可以把上述最优分类面问题转化为其对偶问题，即最大化

$$W(\alpha) = \sum_{i=1}^{l} \alpha_i - \frac{1}{2}\sum_{i=1}^{l}\sum_{j=1}^{l} \alpha_i \alpha_j y_i y_j \boldsymbol{x}_i \cdot \boldsymbol{x}_j = \boldsymbol{\Lambda} \cdot \boldsymbol{I} - \frac{1}{2}\boldsymbol{\Lambda} \cdot \boldsymbol{D} \cdot \boldsymbol{\Lambda}$$

满足约束

$$\begin{cases} \alpha_i \geqslant 0,\ \ i = 1, 2, \cdots, l \\ \sum\limits_{i=1}^{l} \alpha_i y_i = 0 \end{cases} \tag{5-7}$$

式中，$\boldsymbol{\Lambda} = \{\alpha_1, \alpha_2, \cdots, \alpha_l\}$；$\boldsymbol{D}$ 是 $l \times l$ 阶对称矩阵，$\boldsymbol{D}_{ij} = y_i y_j \boldsymbol{x}_i \cdot \boldsymbol{x}_j$。$\alpha_i$ 为原问题中与每个约束条件式对应的拉格朗日乘子，这是一个不等式约束下二次函数寻优的问题，存在唯一解。容易证明，解中将只有一部分（通常是少部分）α_i 不为0，其对应的样本就是支持向量。

通过解上述问题后得到的最优分类函数

$$f(\boldsymbol{x}) = \mathrm{sgn}[(\boldsymbol{w} \cdot \boldsymbol{x}) + b] = \mathrm{sgn}\left[\sum_{i=1}^{n} \alpha_i^* y_i (\boldsymbol{x}_i \cdot \boldsymbol{x}) + b^*\right] \tag{5-8}$$

式（5-8）中的求和实际上只对支持向量进行。α_i^* 为 α_i 的最优解，b^* 是分类阈值，可以用任意一个支持向量求得，或者通过两类中任意一对支持向量取中值求得。

（二）数据线性不可分情况

在线性不可分的情况下，引入非负松弛变量 $\xi = \{\xi_1, \xi_2, \cdots, \xi_l\}$，这样将式（5-6）的线性约束条件转化为

$$y_i[(\boldsymbol{w} \cdot \boldsymbol{x}) + b] \geqslant 1 - \xi_i,\ \ i = 1, 2, \cdots, l \tag{5-9}$$

当样本 $\boldsymbol{x}_i$ 满足不等式（5-6）时，ξ_i 为0，否则 $\xi_i \geqslant 0$，表示此样本为造成线性不可分的

点。利用拉格朗日乘子法进行处理，可得到数据线性不可分条件下的对偶问题，即最大化：

$$W(\alpha)=\sum_{i=1}^{l}\alpha_i-\frac{1}{2}\sum_{i=1}^{l}\sum_{j=1}^{l}\alpha_i\alpha_j y_i y_j(\boldsymbol{x}_i\cdot\boldsymbol{x}_j)=\boldsymbol{\Lambda}\cdot\boldsymbol{I}-\frac{1}{2}\boldsymbol{\Lambda}\cdot\boldsymbol{D}\cdot\boldsymbol{\Lambda}$$

满足约束

$$\begin{cases}C>\alpha_i\geqslant 0,\quad i=1,\cdots,l\\ \sum_{i=1}^{l}\alpha_i y_i=0\end{cases}$$

式中，C为大于零的平衡常数，在对这类约束优化问题的求解和分析中，库恩-塔克（KKT）条件起着重要的作用，KKT条件为

$$\begin{cases}\text{若}\alpha_i=0,\text{则}\xi_1=0,y_i(\boldsymbol{w}\cdot\boldsymbol{x}_i+b)\geqslant 1\\ \text{若}0<\alpha_i<C,\text{则}\xi_1=0,y_i(\boldsymbol{w}\cdot\boldsymbol{x}_i+b)=1\\ \text{若}\alpha_i=C,\text{则}\xi_1\geqslant 0,y_i(\boldsymbol{w}\cdot\boldsymbol{x}_i+b)\leqslant 1\end{cases}$$

KKT条件是最优解应满足的条件，所以目前提出的一些算法几乎都是以是否违反KKT条件作为迭代策略的准则的。

二、非线性可分的支持向量机分类器

以上都是在线性分类超平面的基础上进行的讨论，在很多问题中需要将其推广到非线性分类超平面中。SVM的非线性特性可以这样来实现，把输入样本 x 映射到高维特征空间（可能是无穷维，如图5-5所示）H 中，即 $\mathbf{R}^{(d)}\rightarrow H$，在 H 中使用线性分类器来完成分类。

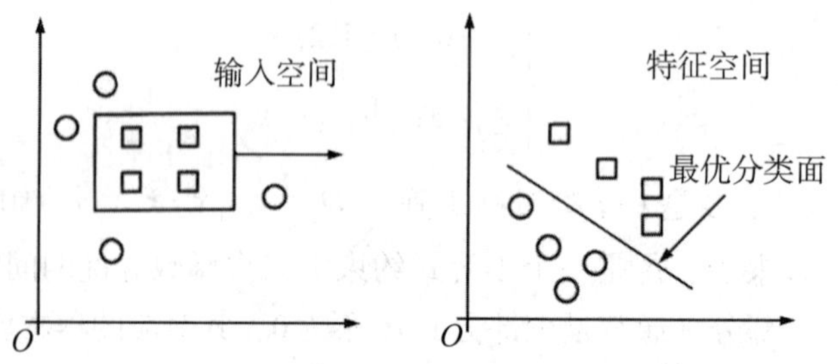

图5-5　映射到高维空间示意图

当在特征空间 H 中构造最优超平面时，训练算法仅使用空间中的点积，即仅仅使用 $\phi(\boldsymbol{x}_i)\cdot\phi(\boldsymbol{x}_j)$，而没有单独的 $\phi(\boldsymbol{x}_i)$ 出现。因此，如果能够找到一个函数 K 使得 $K(\boldsymbol{x}_i,\boldsymbol{x}_j)=\phi(\boldsymbol{x}_i)\cdot\phi(\boldsymbol{x}_j)$，那么，在高维空间实际上只需要进行内积运算，而这种内积运算是可以用原空间中的函数来实现的，甚至没有必要知道 ϕ 的形式。

为了避免高维空间中的复杂计算，支持向量机采用一个核函数 $K(\boldsymbol{x}_i,\boldsymbol{x}_j)$ 来代替高维空间中的 $\phi(\boldsymbol{x}_i)\cdot\phi(\boldsymbol{x}_j)$。根据泛函的有关理论，只要核函数 $K(\boldsymbol{x}_i,\boldsymbol{x}_j)$ 满足Mercer定理，它就对应某一变换空间中的内积。因此，在最优分类面中，采用适当的核函数 $K(\boldsymbol{x}_i,\boldsymbol{x}_j)$ 就可以实现某一非线性变换后的线性分类，而计算复杂度却没有增加。这一特点为算法可能导致的“维数灾难”问题提供了解决方法：在构造判别函数时，不是对输入空间的样本做非线性变换，而后再在特征空间中求解，而是先在输入空间比较向量（如求点积或是某种距离），然后再对结

果做非线性变换。这样，大的工作量将在输入空间而不是在高维特征空间中完成。

另外，考虑到可能存在一些样本不能被分离超平面正确分类，我们采用松弛变量解决这个问题，于是优化问题为

$$\min \frac{1}{2}\|\boldsymbol{w}\|^2 + C\sum_{i=1}^{l}\xi_i \tag{5-10}$$

约束为

$$\begin{cases} y_i(<\boldsymbol{w},\phi(\boldsymbol{x}_i)>+b) \geqslant 1-\xi_i, \quad i=1,\cdots,l \\ \xi_i \geqslant 0, \quad i=1,\cdots,l \end{cases}$$

式中，C为一正的常数。

式（5-10）中的第一项使样本到超平面的距离尽量大，从而提高泛化能力：第二项则使分类误差尽量小。

引入拉格朗日函数

$$L = \frac{1}{2}\|\boldsymbol{w}\|^2 + C\sum_{i=1}^{l}\xi_i - \sum_{i=1}^{l}\alpha_i(y_i(<\boldsymbol{w},\phi(\boldsymbol{x}_i)>+b)-1+\xi_i) - \sum_{i=1}^{l}\gamma_i\xi_i \tag{5-11}$$

式中，$\alpha_i,\gamma_i \geqslant 0, i=1,\cdots,l$ 。

函数L的极值应满足条件

$$\frac{\partial}{\partial \boldsymbol{w}}L=0,\ \frac{\partial}{\partial b}L=0,\ \frac{\partial}{\partial \xi_i}L=0$$

于是得到

$$\begin{cases} \boldsymbol{w} = \sum_{i=1}^{l}\alpha_i y_i \phi(\boldsymbol{x}_i) \\ \sum_{i=1}^{l}\alpha_i y_i = 0 \\ C-\alpha_i-\gamma_i=0, \quad i=1,\cdots,l \end{cases}$$

则优化问题的对偶形式为

$$\max \sum_{i=1}^{l}\alpha_i - \frac{1}{2}\sum_{i=1}^{l}\sum_{j=1}^{l}\alpha_i\alpha_j y_i y_j K(\boldsymbol{x}_i,\boldsymbol{x}_j)$$

约束为

$$\begin{cases} \sum_{i=1}^{l}\alpha_i y_i = 0 \\ 0 \leqslant \alpha_i \leqslant C, \quad i=1,\cdots,l \end{cases}$$

一般情况下，该优化问题解的特点是大部分将为零，其中不为零的对应的样本为支持向量（SV）。

根据KKT条件，在鞍点有

$$\begin{cases} \alpha_i\left[y_i(<\boldsymbol{w},\phi(\boldsymbol{x}_i)>+b)-1+\xi_i\right]=0, \quad i=1,\cdots,l \\ (C-\alpha_i)\xi_i=0, \quad i=1,\cdots,l \end{cases}$$

于是可得

$$y\left(\sum_{j=1}^{l}\alpha_j y_j K(\boldsymbol{x}_i,\boldsymbol{x}_j)+b\right)-1=0, \text{当}\alpha_i \in (0,C)$$

因此，可以通过任意一个支持向量求出b值。为了稳定起见，也可以用所有的支持向量求出b值，然后取平均值，最后得到判别函数为

$$f(\boldsymbol{x})=\operatorname{sgn}\left(\sum_{i=1}^{l}\alpha_i y_i K(\boldsymbol{x}_i,\boldsymbol{x}_i)+b\right)$$

三、一类分类

一类分类方法，也称“数据描述”，是一种特殊的分类方法，用于描述现有物体的特征，并判断新物体是否属于原先数据所确定的类别。在各种一类分类方法中，应当首要考虑以下两个因素：

（1）测试物对目标类的距离d或相似度p；

（2）距离d或相似度p的阈值。

当新物体到目标类的距离d小于阈值时，目标类接受新的物体；当相似度p大于阈值时，目标类接受新的物体。

大多数一类分类方法注重对相似度模型p或距离d的优化，然后对阈值进行优化。只有少数一类分类方法先定义阈值再对d或p进行优化。一类分类器最重要的特点是被接受的目标物体与被拒绝的孤立点之间的权衡关系。采用一个单独的测试集可以从相同的目标描述中测量出，而孤立点的测量则需要假设孤立点的密度。假设这些孤立点是由一个有界的统一分布得出的，而且这个分布覆盖了目标集和描述体。一类分类方法所接受的物体所占的部分是对被覆盖的体积的估计。

异常值检测实际上可视为一类特殊的分类问题，被称为一类分类。支持向量机不但可以实现二值分类和回归问题，同时还可以实现这种特殊的一类分类问题，故不妨将其称为一类支持向量机（1-SVM）。下面给出通过超球体来实现一类分类的方法。设一个正类样本集为

$$\{\boldsymbol{x}_i,i=1,\cdots,l\},\boldsymbol{x}_i\in\mathbf{R}^d$$

设法找一个以$\boldsymbol{a}$为中心、以R为半径的能够包含所有样本点的最小球体。如果直接进行优化处理，所得到的优化区域就是一个超球体。为了使优化区域更紧致，这里仍然采用核映射思想，首先用一个非线性映射将样本点映射到高维特征空间，然后在高维特征空间中求解包含所有样本点的最小超球体。为了允许一些数据点存在误差，可以引入松弛变量来控制，同时将高维空间优化中的内积运算采用满足Mercer条件的核函数代替，即找到一个核函数。

优化问题

$$\min F(R,\boldsymbol{a},\xi_i)=R^2+C\sum_{i=1}^{l}\xi_i \tag{5-12}$$

约束

$$\begin{cases}(\phi(\boldsymbol{x}_i)-\boldsymbol{a})(\phi(\boldsymbol{x}_i)-\boldsymbol{a})^T\leqslant R^2+\xi_i, & i=1,\cdots l\\ \xi_i\geqslant 0, & i=1,\cdots l\end{cases}$$

将该优化问题变成其对偶形式：

$$\max\sum_{i=1}^{l}\alpha_i K(\boldsymbol{x}_i,\boldsymbol{x}_i)-\sum_{i=1}^{l}\sum_{i=1}^{l}\alpha_i\alpha_j K(\boldsymbol{x}_i,\boldsymbol{x}_j) \tag{5-13}$$

约束

$$\begin{cases} \sum_{i=1}^{l} \alpha_i = 1 \\ 0 \leqslant \alpha_i \leqslant C, \quad i = 1, \cdots, l \end{cases}$$

解式（5-13）可以得到 α 的值，通常大部分 α_i 将为零，不为零的 α_i 所对应的样本仍然被称为支持向量。

根据KKT条件，对应于 $0 < \alpha_i < C$ 的样本满足

$$R^2 - (K(\boldsymbol{x}_i, \boldsymbol{x}_i) - 2\sum_{j=1}^{l} \alpha_j K(\boldsymbol{x}_j, \boldsymbol{x}_i) + \boldsymbol{a}^2) = 0 \qquad (5\text{-}14)$$

式中，$\boldsymbol{a} = \sum_{i=1}^{l} \alpha_i \phi(\boldsymbol{x}_i)$。因此，用任意一个支持向量根据式（5-14）可求出 R 的值。对于新样本 $\boldsymbol{z}$，设

$$f(z) = (\phi(z) - a)(\phi(z) - \boldsymbol{a})^T = K(z, z) - 2\sum_{i=1}^{l} \alpha_i K(z, \boldsymbol{x}_i) + \sum_{i=1}^{l}\sum_{j=1}^{l} \alpha_i \alpha_j K(\boldsymbol{x}_i, \boldsymbol{x}_j) \qquad (5\text{-}15)$$

若 $f(z) \leqslant \mathbf{R}^2$，则 z 为正常点，否则 z 为异常点。

四、多类分类

SVM算法最初是为二值分类问题设计的，当处理多类问题时，就需要构造合适的多类分类器。多类分类器主要包括如下两类。

（1）直接法。即直接在目标函数上进行修改，将多个分类面的参数求解合并到一个最优化问题中，通过求解该最优化问题"一次性"实现多类分类。这种方法看似简单，但其计算复杂度比较高，实现起来比较困难，只适用于小型问题中。

（2）间接法。即主要通过组合多个二分类器来实现多分类器的构造，常见的方法有一对多法（one-against-all）和一对一法（one-against-one）两种。

① 一对多法。训练时依次把某个类别的样本归为一类，而将剩余的样本归为另一类，这样 k 个类别的样本就构造出了 k 个SVM。分类时将未知样本分类为具有最大分类函数值的那类。

这种方法训练 k 个分类器，个数较少，其分类速度相对较快，但存在缺点：每个分类器的训练都是将全部的样本作为训练样本，这样在求解二次规划问题时，训练速度会随着训练样本数量的增加而急剧减慢；同时，由于负类样本的数据要远远大于正类样本的数据，从而出现了样本不对称的情况且这种情况随着训练数据的增加而趋向严重。解决不对称的问题可以引入不同的惩罚因子，对样本点较少的正类来说采用较大的惩罚因子 C。还有就是当有新的类别加进来时，需要对所有的模型进行重新训练。

从"一对多"的方法又衍生出基于决策树的分类。

② 一对一法。在任意两类样本之间设计一个SVM，因此 k 个类别的样本就需要设计 $k(k-1)/2$ 个SVM。当对一个未知样本进行分类时，最后得票最多的类别即为该未知样本的类别。

这种方法虽然好，但是当类别很多的时候，模型的个数是 $k(k-1)/2$，代价还是相当大的。

从"一对一"的方式出发，又出现了有向无环图的分类方法。

由于通常构造多值分类的方法具有很高的计算复杂性，在一类分类思想的启发下，这里介绍一种多值分类方法。该方法是：在高维特征空间中对每一类样本求出一个超球体中心，然后计算待测试样本到每类中心的距离，最后根据最小距离来判断该点所属的类，具体步骤如下所述。

设训练样本为 $\{(x_1,y_1),\cdots,(x_l,y_l)\}\subset R^n\times R$，其中，$n$ 为输入向量的维数 $y_i\in\{1,2,\cdots,M\}$，M 为类别数。M 类样本写成 $\left\{(x_1^{(s)},y_1^{(s)}),\cdots,(x_l^{(s)},y_l^{(s)}),s=1,\cdots,M\right\}$，其中，$\left\{(x_i^{(s)},y_i^{\{s\}}),i=1,\cdots,l_s\right\}$ 代表第 s 类训练样本，$l_1+\cdots+l_M=1$。首先，给出原空间中的优化算法，为了求包含每类样本的最小超球体，同时允许一定的误差存在，构造下面的二次优化。

$$\min\sum_{s=1}^{M}R_s^2+C\sum_{s=1}^{M}\sum_{i=1}^{l_s}\xi_{si} \tag{5-16}$$

约束为

$$\begin{cases}(\boldsymbol{x}_i^{(s)}-\boldsymbol{a}_s)^T(\boldsymbol{x}_i^{(s)}-\boldsymbol{a}_s)\leqslant R_s^2+\xi_{si}, \quad s=1,\cdots,M, \quad i=1,\cdots,l_s\\ \xi_{si}\geqslant 0, \quad s=1,\cdots,M, \quad i=1,\cdots,l_s\end{cases}$$

该优化问题的对偶形式为

$$\max\sum_{s=1}^{M}\sum_{i=1}^{l_s}\alpha_i^{(s)}(\boldsymbol{x}_i^{(s)},\boldsymbol{x}_i^{(s)})-\sum_{s=1}^{M}\sum_{i=1}^{l_s}\sum_{j=1}^{l_s}\alpha_i^{(s)}\alpha_j^{(s)}(\boldsymbol{x}_i^{(s)},\boldsymbol{x}_j^{(s)}) \tag{5-17}$$

约束为

$$\begin{cases}0\leqslant\alpha_i^{(s)}\leqslant C, \quad s=1,\cdots,M, \quad i=1,\cdots,l_s\\ \sum_{i=1}^{l_s}\alpha_i^{(s)}=1, \quad s=1,\cdots,M\end{cases}$$

借助核映射思想，首先通过映射 ϕ 将原空间映射到高维特征空间，然后在高维特征空间中进行上述优化，并通过引入核函数代替高维特征空间中的内积运算，得到核方法下的优化方程为

$$\max\sum_{s=1}^{M}\sum_{i=1}^{l_s}\alpha_i^{(s)}K(\boldsymbol{x}_i^{(s)},\boldsymbol{x}_i^{(s)})-\sum_{s=1}^{M}\sum_{i=1}^{l_s}\sum_{j=1}^{l_s}\alpha_i^{(s)}\alpha_j^{(s)}K(\boldsymbol{x}_i^{(s)},\boldsymbol{x}_j^{(s)}) \tag{5-18}$$

约束为

$$\begin{cases}0\leqslant\alpha_i^{(s)}\leqslant C, \quad s=1,\cdots,M, \quad i=1,\cdots,l_s\\ \sum_{i=1}^{l_s}\alpha_i^{(s)}=1, \quad s=1,\cdots,M\end{cases}$$

上面的优化方程是多值分类问题最终的优化方程，待优化的参数个数是样本总数 l。因此，该优化方程的计算复杂度只与总的样本数量有关，与样本的分类数无关。由此可知，该算法在处理多值分类问题时，比用SVM构造一系列二值优化器要简单得多。

根据KKT条件，对应于 $0<\alpha_i^{(s)}<C$ 的样本满足

$$R_s^2-(K(\boldsymbol{x}_i^{(s)},\boldsymbol{x}_i^{(s)})-2\sum_{j=1}^{l_s}\alpha_j^{(s)}K(\boldsymbol{x}_j^{(s)},\boldsymbol{x}_j^{(s)})+\boldsymbol{a}_s^2)=0 \tag{5-19}$$

利用式（5-19）分别计算出 R_s 的值，$s=1,\cdots,M$。

给定待识别样本 $\boldsymbol{z}$，计算它到各中心点的距离：

$$f_s(z)=K(z,z)-\frac{1}{2}\sum_{i=1}^{l_s}\alpha_i^{(s)}K(z,\boldsymbol{x}_i^{(s)})+\sum_{i=1}^{l_s}\sum_{j=1}^{l_s}\alpha_i^{(s)}\alpha_j^{(s)}K(\boldsymbol{x}_i^{(s)},\boldsymbol{x}_j^{(s)}),s=1,\cdots,M \quad (5\text{-}20)$$

比较大小，找出最小的 $f_k(z)$，则 z 属于第 k 类。同时可定义该分类结果的信任度

$$B_k=\begin{cases}1,当R_k\geqslant f_k(z)\\ \dfrac{R_k}{f_k(z)},其他\end{cases} \quad (5\text{-}21)$$

式（5-21）表明，当所得的 $f_k(z)$ 值位于超球体内部时，其信任度为1，否则信任度小于1，并且距离超球体中心越远，信任度越小。

该算法的关键是找到各类的中心点，因此还可以通过适当地调整参数 C 的取值来抑制噪声的影响。

另外，考虑到各类别中含有样本数的不同可能对以上分类原则有一定的影响。例如，两类样本数相差悬殊，如图5-6所示，设小圆代表样本数少的第一类样本，大圆代表样本数多的第二类样本，那么根据 $f_k(z)$ 的大小可判定新样本（图5-6中由矩形表示）属于第一类，但由于新样本处在第一类样本区域外，而位于第二类样本区域内，此时将新样本判为第二类更合理。

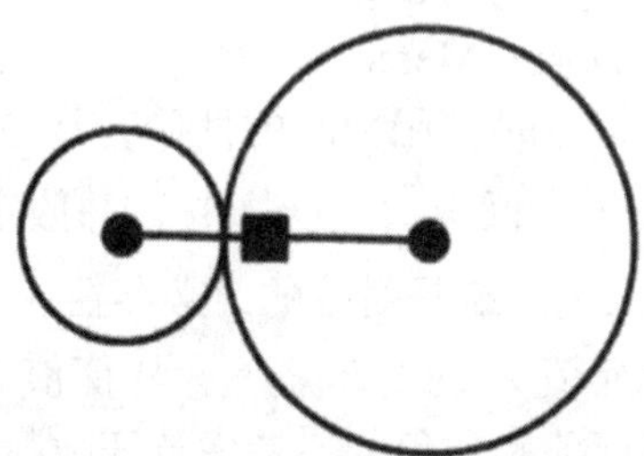

图5-6　样本数相差悬殊时的分类

为了在各类样本数不同的情况下仍能保持合理的分类结果，可以将原来分类原则中“找出最小的 $f_k(z)$”改为“找出最小的 $f_k(z)/R_k$”，这样就可以克服原分类原则中样本数相差悬殊时的不合理分类情况。

数据都是各类样本数比较均衡的分类数据，因此分类结果都是通过直接比较 $f_k(z)$ 的大小得到的。

第四节　核　函　数

核函数的引入极大地提高了学习机的非线性处理能力，同时也保持了学习机在高维空间中的内在线性，使得学习很容易得到控制。利用核函数代替原空间中的内积，即对应于将数据通过一个映射，映射到某个高维的特征空间中，这时的映射称为与核有关的映射特征空间，是由核函数定义的。通过引入核函数，高维特征空间中的内积运算就可以通过原空间的一个核函数来隐含地进行运算。升维只是改变了内积运算，并没有使算法的复杂性随着维数

的增加而增加，而且在高维空间中的推广能力并不受维数影响。值得注意的是，在基于核函数的学习方法中，并不是在整个高维特征空间中进行运算，而是在一个相对较小的线性子空间中进行运算，它的维数最多等于样本的数量。

在核学习方法中，这个子空间是通过训练（或学习）自动选择的，人们甚至不必知道具体的非线性映射。通过引入核函数，不仅可以实现非线性算法，而且算法的复杂度也不会增加，这也是基于核函数的学习方法可行的关键。但是，需要注意的是，对于一个给定的核函数，映射和高维空间都不是唯一的。在利用核学习方法解决问题时，既可以根据映射来构造核函数，也可以预先选定核函数，映射与核函数是密切相关的，但核函数与非线性映射并不是一一对应的关系。目前，选择最佳核函数的方法是采用 cross-validalion 方法。在利用 cross-validation 方法进行核函数的选用时，分别试用不同的核函数，归纳误差最小的核函数就是最好的核函数，同时核函数的参数也用同样的方法进行选定。

一、核函数的定义

定义 5.3：核函数。对所有 $x_i,x_j \in \mathbf{R}^{(\mathbf{d})}$，核函数 K 满足

$$K(\boldsymbol{x}_i,\boldsymbol{x}_j)=\phi(\boldsymbol{x}_i)\cdot\phi(\boldsymbol{x}_j)$$

这里 ϕ 是从 $\mathbf{R}^{(\mathbf{d})}$ 到（内积）特征空间 H 的映射。

下面介绍核函数的一个重要性质：Mercer 定理。

Mercer 定理刻画了函数 $K(\boldsymbol{x}_i,\boldsymbol{x}_j)$ 是核函数时的性质，从考虑一个简单的实例开始引导得到最后的结果。首先考虑有限输入空间 $\mathbf{R}^{(\mathbf{d})}=\{(\boldsymbol{x}_i,\boldsymbol{x}_j)\}$，并假定 $K(\boldsymbol{x}_i,\boldsymbol{x}_j)$ 是在 $\mathbf{R}^{(\mathbf{d})}$ 上的对称函数。考虑矩阵 $\boldsymbol{K}=(K(\boldsymbol{x}_i,\boldsymbol{x}_j))_{i,j=1}^n$，既然 $\boldsymbol{K}$ 是对称的，必存在一个正交矩阵 $\boldsymbol{V}$ 使得 $\boldsymbol{K}=\boldsymbol{V}\boldsymbol{\Lambda}\boldsymbol{V}'$。

在这里，$\boldsymbol{\Lambda}$ 是包含 $\boldsymbol{K}$ 的特征值 $\boldsymbol{\lambda}_\tau$ 的对角矩阵，特征值 $\boldsymbol{\lambda}_\tau$ 对应的特征向量 $\boldsymbol{v}_\tau=(v_{\tau i})_{i=1}^n$，也就是 $\boldsymbol{V}$ 的列。现在假定所有特征值是非负的，考虑特征映射

$$\phi(\boldsymbol{x}_i)\to(\sqrt{\lambda_\tau v_{\tau i}})_{i=1}^n\in\mathbf{R}^n \quad i=1,\cdots,n$$

则

$$\left\langle\phi(\boldsymbol{x}_i)\cdot\phi(\boldsymbol{x}_j)\right\rangle=\sum_{\tau=1}^n\lambda_\tau v_{\tau i}v_{\tau j}=(\boldsymbol{V}\boldsymbol{\Lambda}\boldsymbol{V}')_{ij}=K_{ij}=K(\boldsymbol{x}_i,\boldsymbol{x}_j)$$

这意味着 $K(x_i,x_j)$ 是真正对应于特征映射 ϕ 的核函数。$\boldsymbol{K}$ 的特征值非负的条件是必要的，因为如果有一个负特征值 $\boldsymbol{\lambda}_\tau$ 对应着特征向量 $\boldsymbol{v}_\tau$，则特征空间中的点为

$$\boldsymbol{z}=\sum_{i=1}^n v_{\tau i}\phi(\boldsymbol{x}_i)=\sqrt{\boldsymbol{\Lambda}}\boldsymbol{V}'\boldsymbol{v}_s$$

二、核函数的构造

根据正定核函数的等价定义，从简单的核函数来构造复杂的核函数。

定理 5.1：设 $K_3(\boldsymbol{\theta},\boldsymbol{\theta}')$ 是 $\mathbf{R}^m\times\mathbf{R}^m$ 上的核。若 $\theta(\boldsymbol{x})$ 是从 $\chi\subset\mathbf{R}^n$ 到 $\mathbf{R}^m$ 的映射，则 $K(\boldsymbol{x},\boldsymbol{x}')=K_3(\theta(\boldsymbol{x}),\theta(\boldsymbol{x}'))$ 是 $\mathbf{R}^n\times\mathbf{R}^n$ 上的核。特别地，若 $n\times n$ 矩阵 $\boldsymbol{B}$ 是半正定的，则 $K(\boldsymbol{x},\boldsymbol{x}')=\boldsymbol{x}^T\boldsymbol{B}\boldsymbol{x}'$ 是 $\mathbf{R}^n\times\mathbf{R}^n$ 上的核。

证明：任取 $\boldsymbol{x}_1,\cdots,\boldsymbol{x}_l\in\chi$，则 $K(\boldsymbol{x},\boldsymbol{x}')=K_3(\theta(\boldsymbol{x}),\theta(\boldsymbol{x}'))$ 相应的格拉姆（Gram）矩阵为

$$(K(\boldsymbol{x}_i,\boldsymbol{x}_j))_{i,j=1}^l=(K_3(\theta(\boldsymbol{x}_i),\theta(\boldsymbol{x}_j)))_{i,j=1}^l$$

记 $\theta(\boldsymbol{x}_t)=\theta_t, t=1,\cdots,l$ ，则有

$$(K(\boldsymbol{x}_i,\boldsymbol{x}_j))_{i,j=1}^l=(K_3(\theta(\boldsymbol{x}_i,\boldsymbol{x}_j)))_{i,j=1}^l$$

由 K_3 为正定核可知，上式右端的矩阵是半正定的，因而左端的矩阵是半正定的，故 $K(\boldsymbol{x},\boldsymbol{x}')$ 是正定核。

特别地，考虑半正定矩阵 $\boldsymbol{B}$，显然它可分解为

$$\boldsymbol{B}=\boldsymbol{V}^T\boldsymbol{\Lambda}\boldsymbol{V} \tag{5-22}$$

式中，$\boldsymbol{V}$ 为正定矩阵；$\boldsymbol{\Lambda}$ 为以 $\boldsymbol{B}$ 的非负特征值为对角元素的对角矩阵。定义 $\mathbf{R}^n\times\mathbf{R}^n$ 上的核 $K_3(\boldsymbol{\theta},\boldsymbol{\theta}')=(\boldsymbol{\theta}\cdot\boldsymbol{\theta}')$ 并且令 $\theta(\boldsymbol{x})=\sqrt{\boldsymbol{\Lambda}}\boldsymbol{V}\boldsymbol{x}'$ ，则由证明的结论推知：

$$K(\boldsymbol{x},\boldsymbol{x}')=K_3(\theta(\boldsymbol{x}),\theta(\boldsymbol{x}'))=\theta(\boldsymbol{x})^T\theta(\boldsymbol{x}')=\boldsymbol{x}^T\boldsymbol{V}^T\sqrt{\boldsymbol{\Lambda}}\sqrt{\boldsymbol{\Lambda}}\boldsymbol{V}\boldsymbol{x}'=\boldsymbol{x}^T\boldsymbol{B}\boldsymbol{x}'$$

定理5.2：若 $f(\cdot)$ 是定义在 $\chi\subset\mathbf{R}^n$ 上的实值函数，则 $K(\boldsymbol{x},\boldsymbol{x}')=f(\boldsymbol{x})f(\boldsymbol{x}')$ 是正定核函数。

证明：只须把双线性形式重写为

$$\begin{aligned}\sum_{i=1}^l\sum_{j=1}^l\alpha_i\alpha_j(K(\boldsymbol{x}_i,\boldsymbol{x}_j))&=\sum_{i=1}^l\sum_{j=1}^l\alpha_i\alpha_j f(\boldsymbol{x}_i)f(\boldsymbol{x}_j)\\&=\sum_{i=1}^l\alpha_i f(\boldsymbol{x}_i)\sum_{j=1}^l\alpha_j f(\boldsymbol{x}_j)\\&=\left(\sum_{i=1}^l\alpha_i f(\boldsymbol{x}_i)\right)^2\geqslant 0\end{aligned}$$

定理5.3：设 K_1 和 K_2 是 $\chi\times\chi$ 上的核，$\chi\subseteq\mathbf{R}^n$ 。设常数 $a\geqslant 0$，则下面的函数均是核函数。

(i) $K(\boldsymbol{x},\boldsymbol{x}')=K_1(\boldsymbol{x},\boldsymbol{x}')+K_2(\boldsymbol{x},\boldsymbol{x}')$

(ii) $K(\boldsymbol{x},\boldsymbol{x}')=aK_1(\boldsymbol{x},\boldsymbol{x}')$

(iii) $K(\boldsymbol{x},\boldsymbol{x}')=K_1(\boldsymbol{x},\boldsymbol{x}')K_2(\boldsymbol{x},\boldsymbol{x}')$

证明：按照核函数的定义直接可证。事实上，对给定一个有限点的集合 $\{\boldsymbol{x}_1,\cdots,\boldsymbol{x}_l\}$ ，令 $\boldsymbol{\kappa}_1$ 和 $\boldsymbol{\kappa}_2$ 分别是 K_1 和 K_2 相对于这个集合的格拉姆矩阵，下面依次证明定理各结论。

（i）对任意 $\boldsymbol{\alpha}\in\mathbf{R}^l$ ，有

$$\boldsymbol{\alpha}^T(\boldsymbol{\kappa}_1+\boldsymbol{\kappa}_2)\boldsymbol{\alpha}=\boldsymbol{\alpha}^T\boldsymbol{\kappa}_1\boldsymbol{\alpha}+\boldsymbol{\alpha}^T\boldsymbol{\kappa}_2\boldsymbol{\alpha}\geqslant 0$$

所以 $\boldsymbol{\kappa}_1+\boldsymbol{\kappa}_2$ 是半正定的，因而 K_1+K_2 是核函数。

（ii）同样地，$\boldsymbol{\alpha}^T a\boldsymbol{\kappa}_1\boldsymbol{\alpha}+a\boldsymbol{\alpha}^T\boldsymbol{\kappa}_1\boldsymbol{\alpha}\geqslant 0$ ，说明 $aK_1(\boldsymbol{x},\boldsymbol{x}')$ 是核函数。

（iii）设 $\boldsymbol{\kappa}$ 为 $K(\boldsymbol{x},\boldsymbol{x}')=K_1(\boldsymbol{x},\boldsymbol{x}')K_2(\boldsymbol{x},\boldsymbol{x}')$ 对应于 $\{\boldsymbol{x}_1,\cdots,\boldsymbol{x}_l\}$ 的格拉姆矩阵，则易见 $\boldsymbol{\kappa}$ 是 $\boldsymbol{\kappa}_1$ 和 $\boldsymbol{\kappa}_2$ 的舒尔积，即 $\boldsymbol{\kappa}$ 的元素是 $\boldsymbol{\kappa}_1$ 和 $\boldsymbol{\kappa}_2$ 的对应元素的乘积：

$$\boldsymbol{\kappa}=\boldsymbol{\kappa}_1\circ\boldsymbol{\kappa}_2$$

现在证明 $\boldsymbol{\kappa}$ 是半正定矩阵。令 $\boldsymbol{\kappa}_1=C^TC,\boldsymbol{\kappa}_2=D^TD$ ，则

$$\begin{aligned}\boldsymbol{x}^T(\boldsymbol{\kappa}_1\circ\boldsymbol{\kappa}_2)\boldsymbol{x}&=\mathrm{tr}\left[(\mathrm{diag}\,\boldsymbol{x})\boldsymbol{\kappa}_1(\mathrm{diag}\,\boldsymbol{x})\boldsymbol{\kappa}_2\right]\\&=\mathrm{tr}\left[(\mathrm{diag}\,\boldsymbol{x})\boldsymbol{C}^T\boldsymbol{C}(\mathrm{diag}\,\boldsymbol{x})\boldsymbol{D}^T\boldsymbol{D}\right]\\&=\mathrm{tr}\left[\boldsymbol{D}(\mathrm{diag}\,\boldsymbol{x})\boldsymbol{C}^T\boldsymbol{C}(\mathrm{diag}\,\boldsymbol{x})\boldsymbol{D}^T\right]\\&=\mathrm{tr}\left[\boldsymbol{C}(\mathrm{diag}\,\boldsymbol{x})\boldsymbol{D}^T\right]^T\left[\boldsymbol{C}(\mathrm{diag}\,\boldsymbol{x})\boldsymbol{D}^T\right]\geqslant 0\end{aligned} \tag{5-23}$$

式中第三个等号的根据是，对任意矩阵 $\boldsymbol{A}$ 和 $\boldsymbol{B}$，有 $\mathrm{tr}\boldsymbol{AB}=\mathrm{tr}\boldsymbol{BA}$。

定理 5.4：设 $K_1(\boldsymbol{x},\boldsymbol{x}')$ 是 $\chi\times\chi$ 上的核，又设 $p(x)$ 是系数全为正数的多项式。则下面的函数均是核函数。

(i) $K(\boldsymbol{x},\boldsymbol{x}')=p(K_1(\boldsymbol{x},\boldsymbol{x}'))$

(ii) $K(\boldsymbol{x},\boldsymbol{x}')=\exp(K_1(\boldsymbol{x},\boldsymbol{x}'))$

(iii) $K(\boldsymbol{x},\boldsymbol{x}')=\exp(-\|\boldsymbol{x}-\boldsymbol{x}\|^2/\sigma^2)$

证明：（i）记系数全为正数的多项式 $p(x)=a_q x^q+\cdots+a_1x+a_0$，则有

$$K(\boldsymbol{x},\boldsymbol{x}')=p(K_1(\boldsymbol{x},\boldsymbol{x}'))=a_q\left[K_1(\boldsymbol{x},\boldsymbol{x}')\right]^q+\cdots+a_1K_1(x,x')+a_0$$

根据定理5.4的结论（ii）和（iii）推知，每个非零次项 $a_i\left[K_1(\boldsymbol{x},\boldsymbol{x}')\right]^i,i=1,\cdots,q$ 都是正定核函数。此外，零次项 a_0 也是正定核函数。因此根据定理5.4的结论（i）推知结论成立。

（ii）由于指数函数可以用多项式无限逼近，所以 $\exp(K_1(\boldsymbol{x},\boldsymbol{x}'))$ 是核函数的极限。加上核函数是闭集，便知结论成立。

（iii）显然高斯函数 $\exp(-\|\boldsymbol{x}-\boldsymbol{x}'\|^2/\sigma^2)$ 可以表示为

$$\exp(-\|\boldsymbol{x}-\boldsymbol{x}'\|^2/\sigma^2)=\exp(-\|\boldsymbol{x}\|^2/\sigma^2)\cdot\exp(-\|\boldsymbol{x}'\|^2/\sigma^2)\cdot\exp(2(\boldsymbol{x}\cdot\boldsymbol{x}')/\sigma^2)$$

根据定理5.4可知，上式右端前两个因子构成一个正定核函数，而由刚证明的结论（ii）推知，上式右端的第3个因子是一个正定核函数。因此再用定理5.4的结论（iii）可知结论成立。

三、几种常用的核函数

统计学习理论和支持向量机的相关理论指出，凡是满足Mercer条件的函数都可以作为支持向量机的核函数，但其中效果较优越且较常用于分类的一般有以下几种。

（1）多项式形式的核函数 $K(\boldsymbol{x},\boldsymbol{y})=\{(\boldsymbol{x}\cdot\boldsymbol{y})\}^d$。

此时得到的支持向量机是一个d阶多项式分类器。

（2）径向基函数形式的核函数 $K(\boldsymbol{x},\boldsymbol{y})=e^{-\|\boldsymbol{x}-\boldsymbol{y}\|^2/2\sigma^2}$。

此时得到的支持向量机是一种径向基函数分类器。它与传统径向基核函数（RBF）方法的基本区别是，这里每一个核函数的中心对应一个支持向量，它们和输出权值是由算法自动确定的。

（3）Sigmoid函数形式的核函数 $K(\boldsymbol{x},\boldsymbol{y})=\tanh(k\boldsymbol{x}\cdot\boldsymbol{y}-\delta)$。

此时得到的支持向量机实现两层的多层感知器神经网络，这里网络的权值不但由算法自动确定，而且网络的隐层节点数目也由算法自动确定。

（4）点积形式的核函数 $K(\boldsymbol{x},\boldsymbol{y})=\boldsymbol{x}\cdot\boldsymbol{y}$。

此时得到的支持向量机是线性的分类器。

在上述几种常用的核函数中，最为常用的是多项式核函数和径向基核函数，同时线性核函数（点积形式）也时有应用，指数径向基核函数、小波核函数等其他一些核函数应用相对较少。事实上，需要进行训练的样本集各式各样，核函数也各有优劣。法国机器学习科学家巴特、德国学者贝森等人曾利用LS-SVM分类器，采用UCI数据库，对线性核函数、多项式核函数和径向基核函数进行了实验比较。从实验结果来看，对不同的数据库，不同的核函数各有优劣，而径向基核函数在多数数据库上得到略为优良的性能。需要注意的是，这些实验

的大多数是建立在训练正确率的基础上的。判断一个支持向量机分类器性能的关键指标有两个，即学习能力和推广能力。学习能力表明分类器从训练数据中建立正确的分类模型的能力；而推广能力是指这个模型对未知数据进行正确预测的能力。其中，推广能力的强弱更能反映分类器性能的好坏，因为设计分类器的目的就是对未知数据进行分类。所以，有必要对核函数在这两方面的能力做进一步的探究。

第五节　支持向量回归机

支持向量回归机是支持向量机在回归问题上的应用。为了说明支持向量回归的几何意义，先考虑线性情况。设给定训练样本集

$$S=\{(\boldsymbol{x}_1,y_1),\cdots(\boldsymbol{x}_l,y_l)\}\subset\mathbf{R}^n\times\mathbf{R}$$

定义 5.4：样本集 S 是 ε 线性近似的，如果存在一个超平面 $f(\boldsymbol{x})=<\boldsymbol{w},\boldsymbol{x}>+b$，其中 $\boldsymbol{w}\in R^n$，$b\in R$，下面的式子成立：

$$|y_i-f(\boldsymbol{x}_i)|\leqslant\varepsilon,\quad i=1,\cdots,l$$

图 5-7 显示了一个典型的 ε 线性近似。

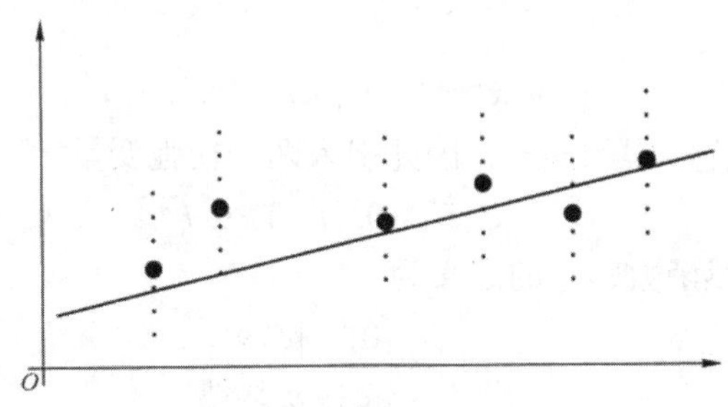

图 5-7　典型的 ε 线性近似

d_i 表示点 $(\boldsymbol{x}_i,y_i)\in S$ 到超平面 $f(\boldsymbol{x})$ 的距离：

$$d_i=\frac{|<\boldsymbol{w},\boldsymbol{x}>+b-y_i|}{\sqrt{1+\|\boldsymbol{w}\|^2}}$$

因为样本集 S 是 ε 线性近似的，所以有

$$|<\boldsymbol{w},\boldsymbol{x}>+b-y_i|\leqslant\varepsilon_i,\quad i=1,\cdots,l$$

得到

$$\frac{|<\boldsymbol{w},\boldsymbol{x}>+b-y_i|}{\sqrt{1+\|\boldsymbol{w}\|^2}}\leqslant\frac{\varepsilon}{\sqrt{1+\|\boldsymbol{w}\|^2}},\quad i=1,\cdots,l$$

于是有

$$d_i\leqslant\frac{\varepsilon}{\sqrt{1+\|\boldsymbol{w}\|^2}},\quad i=1,\cdots,l$$

上式表明，$\varepsilon\Big/\sqrt{1+\|\boldsymbol{w}\|^2}$ 是 S 中的点到超平面的距离的上界。

定义 5.5： ε 线性近似集 S 的最优近似超平面是通过最大化 S 中的点到超平面距离的上界得到的超平面。

图 5-8 表示最优近似超平面，由这个定义能够得出最优近似超平面是通过最大化 $\varepsilon/\sqrt{1+\|\boldsymbol{w}\|^2}$ 得到的（最小化 $\sqrt{1+\|\boldsymbol{w}\|^2}$）。因此，只要最小化 $\|\boldsymbol{w}\|^2$ 就可以得到最优近似超平面。于是线性回归问题就转化为求下面的优化问题。

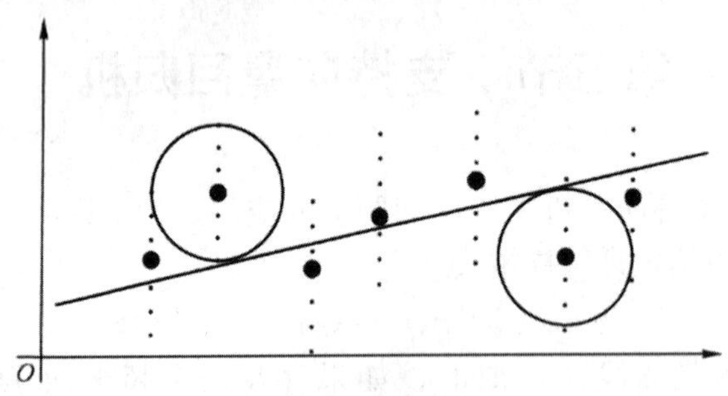

图 5-8　最优近似超平面

$$\min \frac{1}{2}\|\boldsymbol{w}\|^2$$

约束为

$$|<\boldsymbol{w},\boldsymbol{x}>+b-y_i| \leqslant \varepsilon,\quad i=1,\cdots,l$$

另外，考虑到可能存在一定的误差，因此引入两个松弛变量

$$\xi_i,\xi_i^* \geqslant 0,\quad i=1,\cdots,l$$

损失函数采用 ε 不敏感函数，它的定义为

$$|\xi_\varepsilon| = \begin{cases} 0, & |\xi|<\varepsilon \\ |\xi|-\varepsilon, & 其他 \end{cases}$$

函数 L 的极值应满足条件

$$\frac{\partial L}{\partial \boldsymbol{w}}=0, \frac{\partial L}{\partial b}=0, \frac{\partial L}{\partial \xi_i^*}=0$$

则有

$$\boldsymbol{w}=\sum_{i=1}^{l}(\alpha_i-\alpha_i^*)\boldsymbol{x}_i$$

$$\sum_{i=1}^{l}(\alpha_i-\alpha_i^*)=0$$

$$C-\alpha_i-\gamma_i=0,\quad i=1,\cdots,l$$

$$C-\alpha_i^*-\gamma_i^*=0,\quad i=1,\cdots,l$$

则优化问题的对偶形式为

$$\max -\frac{1}{2}\sum_{i,j=1}^{l}(\alpha_i-\alpha_i^*)(\alpha_j-\alpha_j^*)<\boldsymbol{x}_i,\boldsymbol{x}_j>+\sum_{i=1}^{l}(\alpha_i-\alpha_i^*)y_i-\sum_{i=1}^{l}(\alpha_i-\alpha_i^*)\varepsilon$$

约束为

$$\sum_{i=1}^{l}(\alpha_i-\alpha_i^*)y_i=0$$

$$0\leqslant\alpha_i,\alpha_i^*\leqslant C,\quad i=1,\cdots,l$$

对于非线性回归，同分类情况一样，首先使用一个非线性映射φ把数据映射到一个高维特征空间，然后在高维特征空间进行线性回归。由于在上面的优化过程中只考虑到高维特征空间中的内积运算，因此用一个核函数 $K(\boldsymbol{x},\boldsymbol{y})$ 代替 $<\phi(\boldsymbol{x}),\phi(\boldsymbol{y})>$ 就可以实现非线性回归。于是，非线性回归的优化方程为最大化下面的函数

$$W(\alpha,\alpha^*)=-\frac{1}{2}\sum_{i,j=1}^{l}(\alpha_i-\alpha_i^*)(\alpha_j-\alpha_j^*)K(\boldsymbol{x}_i,\boldsymbol{x}_j)+\sum_{i=1}^{l}(\alpha_i-\alpha_i^*)y_i-\sum_{i=1}^{l}(\alpha_i+\alpha_i^*)\varepsilon$$

约束为

$$\sum_{i=1}^{l}(\alpha_i-\alpha_i^*)y_i=0$$

$$0\leqslant\alpha_i,\alpha_i^*\leqslant C,\quad i=1,\cdots,l$$

求解出 α_i 后，可得 $f(\boldsymbol{x})$ 的表达式为

$$f(\boldsymbol{x})=\sum_{i=1}^{l}(\alpha_i-\alpha_i^*)K(\boldsymbol{x}_i,\boldsymbol{x})+b$$

通常情况下，大部分 α_i,α_i^* 的值为零，不为零的 α_i,α_i^* 所对应的样本称为支持向量。

根据KKT条件，在鞍点处有

$$\alpha_i\left[\xi_i+\varepsilon-y_i+f(\boldsymbol{x}_i)\right]=0,\quad i=1,\cdots,l$$

$$\alpha_i^*\left[\xi_i+\varepsilon-y_i+f(\boldsymbol{x}_i)\right]=0,\quad i=1,\cdots,l$$

$$(C-\alpha_i)\xi_i=0,\quad i=1,\cdots,l$$

$$(C-\alpha_i^*)\xi_i^*=0,\quad i=1,\cdots,l$$

于是可得b的计算公式为

$$b=y_j-\varepsilon-\sum_{i=1}^{l}(\alpha_i-\alpha_i^*)K(\boldsymbol{x}_j,\boldsymbol{x}_i),\quad \alpha_i,\alpha_i^*\cdots(0,C)$$

用任意一个支持向量就可以计算出b的值，也可以采用取平均值的方法求得。

第六节　支持向量机的应用实例

支持向量机方法在理论上具有突出的优势，贝尔实验室率先在美国邮政手写数字库识别研究方面应用了SVM方法，并取得了较大的成功。随后，有关SVM的应用研究得到了很多领域学者的重视，他们在图像分类、人脸检测、验证和识别、说话人/语音识别、文字/手写体识别、视频信息处理及其他应用研究等方面取得了大量的研究成果，从最初的简单模式输入的直接方法研究，进入多种方法取长补短的联合应用研究，对SVM方法也有了很多改进。

一、图像分类

本部分在提取底层颜色、形状和纹理特征的基础上，采用基于SVM的方法，从图像的底层视觉特征得到其高层语义特征，进而实现图像分类。

（一）利用SVM对图像进行分类的过程

（1）对训练集图像的特征向量进行预处理，生成输入文件，文件中的每行代表一个记录。

（2）把输入文件作为SVM训练程序的输入，生成分类模型文件。

（3）把测试集图像的特征向量经过预处理后生成测试输入文件作为预测程序的输入，生成分类结果文件。

（4）经过后处理过程，把分类结果文件中的类别信息写入测试集图像的特征向量中。

（二）性能评价指标

SVM在解决小样本、非线性及高维模式识别问题中表现出了许多特有的优势，并能够推广应用到函数拟合等其他机器学习问题中。

评估图像分类系统好坏的指标有精确率和召回率（查全率）。

精确率（C类）=分类（C类）的正确图像数/划分为C类的图像数

召回率（C类）=分类（C类）的正确图像数/实际的C类图像数

对实验结果的评测，主要采用三种量化的标准：宏平均精确率（MacroP）、宏平均召回率（MacroR）和宏平均F1值（MacroF1）。

定义5.6：宏平均精确率（MacroP）为

$$\text{MacroP} = \frac{1}{n}\sum_{j=1}^{n} p_j \tag{5-24}$$

式中，p_j为第j类的精确率；n为分类的总数。

定义5.7：宏平均召回率（MacroR）为

$$\text{MacroR} = \frac{1}{n}\sum_{j=1}^{n} R_j \tag{5-25}$$

式中，R_j为第j类的召回率；n为分类的总数。

定义5.8：宏平均F1值（MacroF1）为

$$\text{MacroF1} = \frac{\text{MacroP} \times \text{MacroR} \times 2}{\text{MacroP} + \text{MacroR}} \tag{5-26}$$

式中，MacroP为宏平均精确率；MacroR为宏平均召回率。

（三）数据集及分类算法的参数设置

图像数据来源于素材库网，其中包括10类共2000幅图像，训练数据与测试数据的比例为3：1，见表5-1所列。

表 5-1　分类图像

图像类别	图片数量/幅
鸟	200
绿叶	200
成年人	200
山峰	200
野生动物	200
婴孩	200
蝴蝶	200
花朵	200
大理石	200
简洁装修风格的房间	200

在这个实验中，提取图像的颜色、形状和纹理特征，形成一个87维的特征向量；然后分别采用BP网络和SVM对图像进行分类。对各算法的参数选择如下：

（1）BP网络分类。对初始权重，我们采用范围为0～1的随机数，但为了得到每次训练可重现的结果，我们固定随机数字发生器的状态；对神经元激活函数，采用Sigmoid函数，中间层的数目为1，神经元的个数为输入节点的2倍，阈值误差范围设置为0.2。

（2）SVM分类。采用一对一分类策略，核函数使用径向基函数。

（四）实验结果分析

由表5-2可以看出，SVM相对于BP网络分类器表现出了较好的分类能力。这是因为BP网络假设样本的各个特征相互独立，但是实际上，一幅图像的特征向量的各个分量始终存在一定的联系，不可能是相互独立的。而SVM以非线性函数作为它的核函数，能够比较好地发现特征之间的联系。

表 5-2　分类效果对比

评价指标	BP网络	SVM
MacroP	0.648	0.720
MacroR	0.603	0.664
MacroF1	0.624	0.690

（五）图像筛选和显示

经过图像分类后，图像数据库中的每幅图像都已经归入一个预定的类别，当系统与用户交互时，进行图像筛选和显示的具体步骤如下。

（1）确定参加筛选图像的数目P和图像显示的最大数目Q。

（2）按照与示例图像特征的相似度对库中的所有图像进行排序，并从中选出特征距离最小的P幅图像。

（3）将筛选出的P幅图像按照图像分类时归入的预定的类别组合成K类。

（4）分两阶段向用户显示结果图像。

①第一阶段，从每个类别中选出能够代表此类别的图像显示给用户。用户对这些图像进行评价，与示例图像相似的图像给予正向评价（相关），不相似的图像给予负向评价（不相关）。

②第二阶段，对被给予正向评价的图像，显示其所代表的类中的其他所有图像，用户对这些图像进行评价。如果需要显示的图像数目大于Q，可以从中选择与示例图像相似度最大的Q幅图像显示给用户。

二、其他应用

（一）人脸检测、验证和识别

计算机科学家埃德加·奥苏纳等最早将SVM应用于人脸检测，并取得了较好的效果。其方法是直接训练非线性SVM分类器完成人脸与非人脸的分类。由于SVM的训练需要大量的存储空间，并且非线性SVM分类器需要较多的支持向量，所以速度很慢。有学者提出了一种层次型结构的SVM分类器，它由一个线性SVM组合和一个非线性SVM组成。检测时，由前者快速排除掉图像中绝大部分的背景窗口，而后者只须对少量的候选区域做出确认。训练时，在线性SVM组合的限定下，与“自举”方法相结合可收集到训练非线性的更有效的非人脸样本，简化SVM训练的难度。大量实验结果表明，这种方法不仅有较高的检测率和较低的误检率，而且速度较快。

人脸检测研究中更复杂的情况是姿态的变化。国内学者提出了利用支持向量机方法进行人脸姿态的判定，将人脸姿态划分为6个类别，从一个多姿态人脸库中手工标定训练样本集和测试样本集，训练基于支持向量机姿态分类器，效果明显优于在传统方法中效果最好的人工神经元网络方法。

在人脸识别中，面部特征的提取和识别可看作3D物体的2D投影图像进行匹配的问题。由于许多不确定性因素的影响，特征的选取与识别就成为一个难点。采用基于PCA与SVM相结合的人脸识别算法，充分利用PCA在特征提取方面的有效性，以及SVM在处理小样本问题和泛化能力等方面的优势，通过与最近邻距离分类器SVM相结合，可使所提出的算法具有比传统最近邻分类器和BP网络分类器更高的识别率。进一步的研究是在PCA的基础上做ICA（独立成分分析），提取更加有利于分类的面部特征的主要独立成分，然后采用分阶段淘汰的支持向量机分类机制进行识别。

（二）说话人/语音识别

说话人/语音识别属于连续输入信号的分类问题，SVM是一个很好的分类器，但不适合处理连续输入样本。因此，人们引入隐马尔可夫模型（HMM），建立了SVM和HMM的混合模型。HMM适合处理连续信号，而SVM适合分类问题；HMM的结果反映了同类样本的相似度，而SVM的输出结果则体现了异类样本间的差异。为了方便与HMM组成混合模型，首先将SVM的输出形式改为概率输出。HMM和SVM的混合架构显著提升了语音识别系统的分类准确率。

（三）文字/手写体识别

在贝尔实验室对美国邮政手写数字库进行的实验中，人工识别的平均错误率是2.5%，专门针对该特定问题设计的5层神经网络，错误率为5.1%（其中利用了大量先验知识），而用3种SVM方法（采用3种核函数）得到的错误率分别为4.0%、4.1%和4.2%，且是直接采用16×16的字符点阵作为输入的，这充分表明了SVM的优越性能。

（四）视频信息处理

视频字幕蕴含了丰富的语义，可用于对相应视频流进行高级语义标注。有学者采用基于SVM的视频字幕自动定位和提取的方法，首先将原始图像帧分割为N^2的子块，提取每个子块的灰度特征；接着使用预先训练好的SVM分类机进行字幕子块和非字幕子块的分类；最后结合金字塔模型和后期处理过程，实现视频图像字幕区域的自动定位提取。实验表明，该方法具有良好的效果。

第六章 决 策 树

第一节 决策树概述

分类是机器学习中的一类重要问题。分类算法利用训练样本集获得分类函数，即分类模型（分类器），从而实现将数据集中的样本划分到各个类别中。分类模型学习训练样本中属性集与类别之间的潜在关系，并以此为依据对新样本属于哪一类进行预测。分类算法实现过程如图6-1所示。

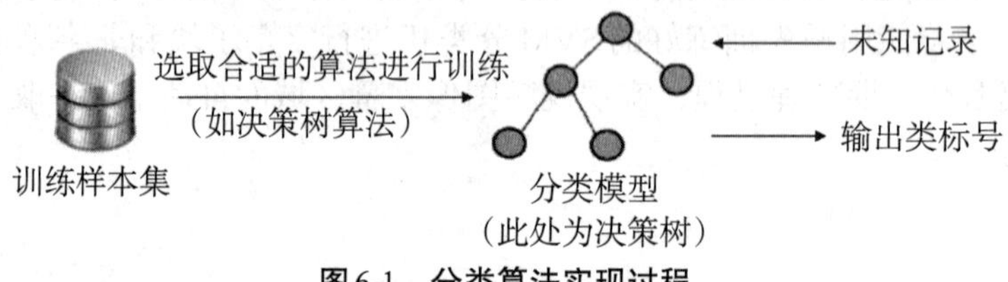

图6-1 分类算法实现过程

决策树通过把训练样本分配到某个叶节点来确定数据集中样本所属的分类。决策树由决策节点、分支和叶节点组成。决策节点表示在样本的一个属性上进行的划分；分支表示对决策节点进行划分的输出；叶节点表示经过分支到达的类。从决策树根节点出发，自顶向下移动，在每个决策节点都会进行一次划分，根据划分的结果将样本进行分类，进入不同的分支，最后到达一个叶节点，这个过程就是利用决策树进行分类的过程。例如，图6-2所示的是针对学生是否点外卖构造决策树进行分类。如果一位同学的账户中没有红包且食堂不营业，根据图中所示决策树的分类规则，该同学很可能会点外卖。

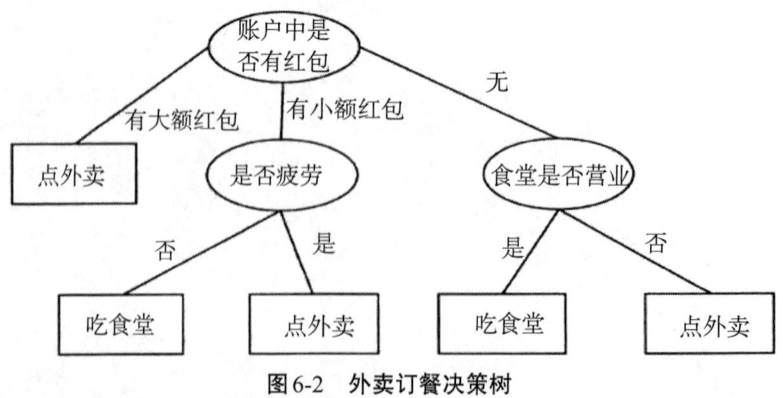

图6-2 外卖订餐决策树

以上介绍的图例是对离散变量进行分类的决策树。同样，可以将决策树算法应用于连续变量，见表6-1所列。

表6-1 理财产品推荐预测的用户连续数据

用户	年龄/岁	收入/万元	存款/万元	分类
1	26	50	5	不推荐
2	33	56	6	不推荐
3	47	60	20	推荐
4	58	30	25	不推荐
5	40	35	8	不推荐
6	35	45	15	推荐
7	31	20	10	不推荐
8	41	40	12	推荐
9	44	63	11	推荐
10	30	100	50	推荐

表6-1记录了10个用户的三种属性取值，以及是否对其推荐的二分类标签。每个属性取值为连续值。要想利用表中数据对用户进行分类，可以构建一棵决策树，如图6-3所示。

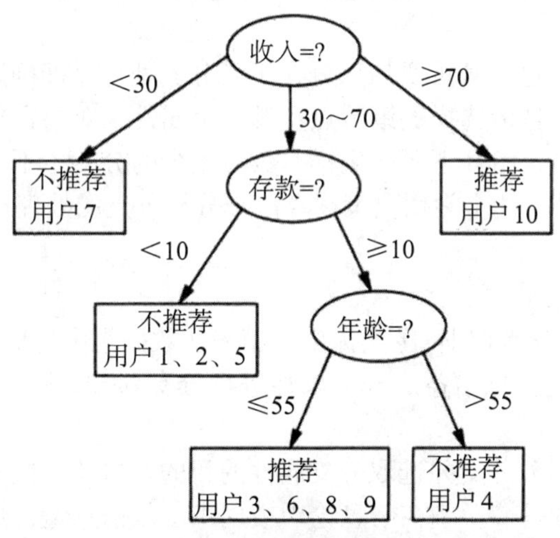

图6-3 构建的决策树

其中，每一个决策节点的目标是划分之后每个区域所包含的样本点，在划分属性上取值的纯度要尽量高。图6-4所示为收入在30万～70万元的用户，在由存款和年龄属性构成的二维空间上，依照所构建的决策树划分的结果，由图可知决策树算法能够成功地将两类样本点分隔开来。

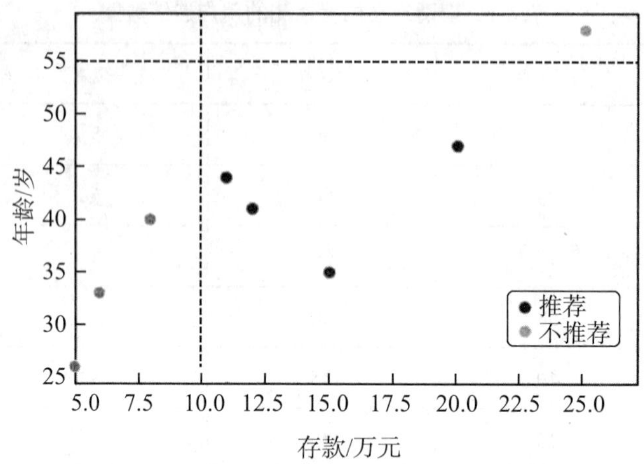

图6-4 决策树对应二维空间的分割结果

针对一个数据集，如何根据数据的属性特点构造合适的、能够有效将数据分类的决策树，是决策树算法学习中的重要问题。本节将重点介绍几种常用的决策树算法，并对连续属性的离散化与过拟合等决策树算法中需要解决的问题进行分析。

一、分支处理

给定一个数据集，可以有多种决策树的构建方法。在有限的时间内构建最优的决策树是不现实的。因此，往往使用启发式算法来进行决策树的构建，例如，使用贪心算法对每个节点构建部分最优决策树。

对于一棵决策树的构建，最重要的部分在于其分支处理，即确定在每个决策节点处的分支属性。分支属性的选取是指选择决策节点上哪一个属性来对数据集进行划分，要求每个分支中样本的纯度尽可能高，而且不要产生样本数量太少的分支。不同算法对于分支属性的选取方法有所不同，下面结合几个常用决策树算法来分析分支的处理过程。

（一）ID3算法

ID3算法由澳大利亚学者罗斯·昆兰提出，用来从数据集中生成决策树。ID3算法是在每个节点处选取能获得最高信息增益的分支属性进行分支划分，因此，在介绍ID3算法之前，首先讨论信息增益的概念。

在每个决策节点处划分分支并选取分支属性的目的是将整棵决策树的样本纯度提升，而衡量样本集纯度的指标则是熵。熵在信息论中被用来度量信息量，熵值越大，所含的有用信息越多，其不确定性就越高；而熵值越小，有用信息越少，确定性越高。例如“太阳东升西落”这句话非常确定，是常识，其含有的信息量很少，所以熵值就很小。在决策树中，用熵来表示样本集的不纯度，如果某个样本集中只有一个类别，其确定性最高，熵为0；反之，熵越大，不确定性越高，表示样本集中的分类越多样。设S为数量为n的样本集，其分类属性有m个不同取值，用来定义m个不同分类$C_i(i=1,2,\cdots,m)$，$|C_i|$表示类C_i的样本个数，则其熵的计算公式为

$$Entropy(S) = -\sum_{i=1}^{m} p_i \log_2 p_i, p_i = \frac{|C_i|}{n} \tag{6-1}$$

举例来说，如果有一个大小为10的布尔值样本集 S_b，其中有6个真值、4个假值，那么该布尔型样本分类的熵值为

$$Entropy(S_b) = -\frac{6}{10}\log_2\frac{6}{10} - \frac{4}{10}\log_2\frac{4}{10} = 0.971\,0$$

得到了熵作为衡量样本集不纯度的指标，下一步就可以计算分支属性对于样本集分类好坏程度的度量——信息增益。由于划分后样本集的纯度提高，则样本集的熵降低，熵降低的值即该划分方法的信息增益。设 S 为样本集，属性 A 具有 v 个可能取值，即通过将属性 A 设置为分支属性，能够将样本集 S 划分为 v 个子样本集 $\{S_1, S_2, \cdots, S_v\}$。对于样本集 S，如果以 A 为分支属性的信息增益 $Gain(S,A)$，其计算公式如下：

$$Gain(S,A) = Entropy(S) - \sum_{i=1}^{v}\frac{|S_i|}{|S|}Entropy(S_i) \tag{6-2}$$

下面用一个示例对ID3决策树生成过程进行说明。表6-2为一个脊椎动物属性特征分类训练样本集。

表6-2　脊椎动物属性特征分类训练样本集

动物	饮食习性	胎生动物	水生动物	会飞	哺乳动物
人类	杂食动物	是	否	否	是
野猪	杂食动物	是	否	否	是
狮子	肉食动物	是	否	否	是
苍鹰	肉食动物	否	否	是	否
鳄鱼	肉食动物	否	是	否	否
巨蜥	肉食动物	否	否	否	否
蝙蝠	杂食动物	是	否	是	是
野牛	草食动物	是	否	否	是
麻雀	杂食动物	否	否	是	否
鲨鱼	肉食动物	否	是	否	否
海豚	肉食动物	是	是	否	是
鸭嘴兽	肉食动物	否	否	否	是
袋鼠	草食动物	是	否	否	是
蟒蛇	肉食动物	否	否	否	否

从表6-2中可以看到，此样本集有“饮食习性”“胎生动物”“水生动物”“会飞”4个属性作为分支属性，而“哺乳动物”作为样本的分类属性，有“是”与“否”两种分类，即正例与负例。表6-2中共有14个样本，其中8个正例，6个反例。设此样本集为 S，则划分前的熵值为

$$Entropy(S) = -\frac{8}{14}\log_2\frac{8}{14} - \frac{6}{14}\log_2\frac{6}{14} = 0.985\,2$$

假设选择“饮食习性”属性作为分支属性，则划分后的数据被划分为“肉食动物”“草食动物”“杂食动物”3个分支，如图6-5所示。

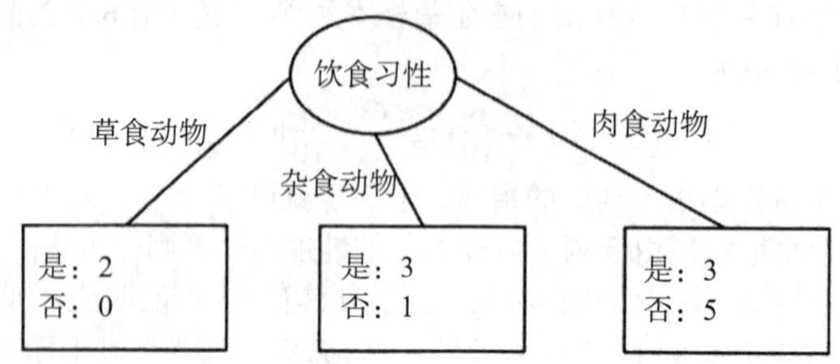

图6-5　脊椎动物分类训练样本集以“饮食习性”作为分支属性的划分情况

由图6-5中可知，“饮食习性”为“肉食动物”的分支中有3个正例、5个反例，其熵值为

$$Entropy(\text{肉食动物}) = -\frac{3}{8}\log_2\frac{3}{8} - \frac{5}{8}\log_2\frac{5}{8} = 0.954\,4$$

同理，计算出“饮食习性”为“草食动物”的分支与“饮食习性”为“杂食动物”的分支中的熵值分别为

$$Entropy(\text{肉食动物}) = -\frac{2}{2}\log_2\frac{2}{2} - 0 = 0$$

$$Entropy(\text{杂食动物}) = -\frac{3}{4}\log_2\frac{3}{4} - \frac{1}{4}\log_2\frac{1}{4} = 0.811\,3$$

设“饮食习性”属性为Y，由此可以计算出，作为分支属性进行划分之后的信息增益为

$$Gain(Y) = Entropy(S) - Entropy(S|Y) = 0.985\,2 - \frac{8}{14}\times 0.954\,4 - \frac{2}{14}\times 0 - \frac{4}{14}\times 0.811\,3 = 0.208\,0$$

同理，可以算出将其他属性作为分支属性时的信息增益，计算可得，将“胎生动物”“水生动物”“会飞”作为分支属性时的信息增益分别为0.689 3、0.045 4、0.045 4，由此可知将“胎生动物”作为分支属性时能获得最大的信息增益，即具有最强的区分样本的能力，所以在此处选择使用“胎生动物”作为分支属性对根节点进行分支划分。

在此次划分之后，可以发现由根节点划分出的两个分支中，对于分支属性“胎生动物”取值为“是”的分支全为哺乳动物，说明此分支的划分已经完成，即只含一种分类属性。而对取值为“否”的分支，因为其中仍存在两种不同的分类，需继续选取新的分支属性对其进行划分。若划分后分类仍未完成，则继续对新的节点进行分支划分，直至分类完成。

从上述介绍可知，由根节点通过计算信息增益选取合适的属性进行分支划分，若新生成的节点的分类属性不唯一，则对新生成的节点继续进行分支划分，不断重复此步骤，直至所有样本属于同一类，或者达到要求的分类条件为止。常用的分类条件包括节点数量少于某设定的值决策树达到预先设定的最大深度等。

在决策树的构建过程中，会出现使用了所有的属性进行分支划分之后，类别不同的样本仍存在于同一个叶节点中的情况。如样本数据中的“鸭嘴兽”“蟒蛇”“巨蜥”，使用现有的属性是无法将这3个样本区分开的。除此之外，当达到限制条件而被强制停止构建时，也会出现节点中子样本集存在多种分类的情况。对于这种情况，一般取此节点中子样本集占多数的分类作为节点的分类，例如，将“鸭嘴兽”“巨蜥”“蟒蛇”共同存在的叶节点的分类属性“哺乳动物”赋值为“否”。

本例中，虽然ID3算法的分类效果不错，但是其在分支处理上仍存在一些问题。ID3算法在处理根节点与其他内部节点的分支时，使用信息增益指标来选择分支属性。由信息增益公式可以发现，当分支属性取值非常多的时候，该分支属性的信息增益就会比较大。例如100个样本在某属性上有99种取值，这样该属性划分出99个分支将得到非常大的信息增益，所以在ID3算法中，往往会选择取值较多的分支属性。但是实际上，取值较多的分支属性并不一定是最优的，就如同将100个样本分到99个分支中并没有什么意义，因为分支太多，可能相比之下这种分支属性无法提供太多的可用信息。

（二）C4.5算法

C4.5算法的总体思路与ID3相似，都是通过构造决策树进行分类，其区别在于分支的处理。在分支属性的选取上，ID3算法使用信息增益作为度量，而C4.5算法引入了信息增益率作为度量。

与ID3算法计算信息增益过程类似，假设样本集为S，样本的属性A具有v个可能取值，即通过属性A能够将样本集S划分为v个子样本集$\{S_1,S_2,\cdots,S_v\}$，$Gain(S,A)$为属性A对应的信息增益，则属性A的信息增益率$Gain_ratio$定义为

$$Gain\_ratio(A)=\frac{Gain(A)}{-\sum_{i=1}^{v}\frac{|S_i|}{|S|}\log_2\frac{|S_i|}{|S|}} \tag{6-3}$$

由信息增益率公式可知，当v比较大时，信息增益率会明显降低，从而在一定程度上能够解决ID3算法存在的往往选择取值较多的分支属性的问题。

仍以表6-2中的数据为例进行计算，假设选择“饮食习性”作为分支属性，其信息增益率为

$$Gain\_ratio(\text{饮食习性})=\frac{Gain(\text{饮食习性})}{-\sum_{i=1}^{3}\frac{|S_i|}{|S|}\log_2\frac{|S_i|}{|S|}}=\frac{0.208\,0}{-\left(\frac{8}{14}\log_2\frac{8}{14}+\frac{2}{14}\log_2\frac{2}{14}+\frac{4}{14}\log_2\frac{4}{14}\right)}=0.150\,9$$

同理，可以算出将其他属性作为分支属性时的信息增益率，计算可得将“胎生动物”“水生动物”“会飞”作为分支属性时的信息增益率分别为0.689 3、0.060 6、0.060 6，由此可知将“胎生动物”作为分支属性时能获得最大的信息增益率，由C4.5算法仍然会选择将“胎生动物”作为根节点的分支属性。但值得注意的是，相比将信息增益（信息的增加量）作为度量标准，将“水生动物”与“会飞”作为分支属性时的信息增益率和将“饮食习性”作为分支属性时的信息增益率的差距明显要小，这就是因为信息增益率在作为度量标准时考虑到了分支的数量，使分支的处理更符合实际需求。

与ID3算法相比，C4.5算法主要的改进是使用信息增益率作为划分的度量标准。此外，针对ID3算法只能处理离散数据、容易出现过拟合等问题，C4.5算法在这些方面也都提出了相应的改进。

（三）C5.0算法

C5.0算法是昆兰在C4.5算法的基础上提出的商用改进版本，目的是对含有大量数据的数据集进行分析。C5.0算法的训练过程大致如下。

假设训练的样本集S共有n个样本，训练决策树模型的次数为T，用C^t表示t次训练产生的决策树模型，经过T次训练后最终构建的复合决策树模型表示为C^*。用w_i^t表示第i个样本在第t次模型训练中的权重$(i=1,2,3,\cdots,n;t=1,2,3,\cdots,T)$，用$\rho_i^t$表示$w_i^t$的归一化因子，再用$\beta^t$表示权重的调整因子，并定义0-1函数

$$\theta^t(i)=\begin{cases}1,\text{ 样本实例}i\text{被第}t\text{棵决策树错误分类}\\0,\text{ 样本实例}i\text{被第}t\text{棵决策树正确分类}\end{cases}$$

表示第i个样本第t次训练的分类结果，最后按如下步骤进行样本训练。

①初始化参数：设定训练决策树模型次数T（T一般默认为10），并赋予每个训练样本相同的权重$w_i^t=1/n$，令$t=1$开始第一次训练。

②计算每个样本的归一化因子值$\rho_i^t=w_i^t/\sum\limits_{i=1}^{n}w_i^t$（满足$\sum\limits_{i=1}^{n}\rho_i^t=1$）。

③为每个样本赋予归一化的权重ρ_i^t，构建当前的决策树模型C^t。

④计算第t次训练分类错误率$\varepsilon^t=\sum\limits_{i=1}^{n}\rho_i^t\theta_i^t$。

⑤分支：如果$\varepsilon^t>0.5$，修改训练次数T=$T-1$，返回步骤①重新训练；如果$\varepsilon^t=0$，结束整个训练，令t=T转入步骤⑧；如果$0<\varepsilon^t\leqslant 0.5$，转入步骤⑥。

⑥计算调整因子：用错误率计算本次训练调整因子$\beta^t=\varepsilon^t/(1-\varepsilon^t)$，错误率高，调整因子高。

⑦更新样本权重$w_i^{t+1}=\begin{cases}w_i^t\beta^t,\text{ 如果样本被正确分类}\\w_i^t,\quad\text{如果样本被错误分类}\end{cases}$，调低被正确分类样本的权重。

⑧结束判断：如果$t=T$，结束训练过程转入⑨；否则令$t=+1$，返回步骤②。

⑨复合模观：最终根据$C^*=\sum\limits_{t=1}^{T}\log(1/\beta^t)C^t$，计算求得复合决策树模型。

C5.0算法与C4.5算法相比有以下优势。

①决策树构建速度要比C4.5算法的快上数倍，同时生成的决策树规模也更小，拥有更少的叶节点数。

②使用了提升法，组合多棵决策树来做出分类，使准确率大大提高。

③提供可选项由使用者视情况决定，例如是否考虑样本的权重、样本错误分类成本等。

（四）CART算法

CART算法也是构建决策树的一种常用算法。CART的构建过程采用的是二分递归分割的方法，每次划分都把当前样本集划分为两个子样本集，使决策树中的节点均有两个分支，显然，这样就构造了一棵二叉树。如果分支属性有多于两种取值，在划分时会对属性值进行组合，选择最佳的两组合分支。假设某属性存在g个可能取值，那么以该属性作为分支属

性，生成两个分支的划分方法共有 $2^{q-1}-1$ 种。

CART算法在分支处理中分支属性的度量指标是Gini。设 S 为大小为 n 的样本集，其分类属性有 m 种不同取值，用来定义 m 个不同分类 $C_i(i=1,2,\cdots,m)$，则其Gini指标的计算公式为

$$Gini(S)=1-\sum_{i=1}^{m}p_i^2, p_i=\frac{|C_i|}{|S|} \tag{6-4}$$

在CART算法中，针对样本集 S，选取属性 A 作为分支属性，将样本集 S 划分为 $A=a_1$ 的子样本集 S_1，与其余样本组成的样本集 S_2，则在此情况下的Gini指标为

$$Gini(S|A)=\frac{|S_1|}{|S|}Gini(S_1)+\frac{|S_2|}{|S|}Gini(S_2) \tag{6-5}$$

仍以表6-2的中数据为例进行计算。假设选择“会飞”作为分支属性，其Gini指标为

$$Gini(S|H)=\frac{|S_1|}{|S|}Gini(S_1)+\frac{|S_2|}{|S|}Gini(S_2)=\frac{11}{14}\times\left[1-\left(\frac{7}{11}\right)^2-\left(\frac{4}{11}\right)^2\right]+\frac{3}{14}\times\left[1-\left(\frac{1}{3}\right)^2-\left(\frac{2}{3}\right)^2\right]=0.458\,9$$

同理，可以算出选择“胎生动物”与“水生动物”作为分支属性时的Gini指标分别为0.122 4与0.458 9。

然而，“饮食习性”作为分支属性 Y 时，因为存在3种可能的取值，所以有3种不同的划分方法。

以“饮食习性”进行分类时，样本集被划分为“肉食动物”与“杂食动物，草食动物”两个子样本集，此时取值为“杂食动物”与“草食动物”的样本均被划入“杂食动物，草食动物”这个子样本集中。此时Gini指标的计算公式如下

$$Gini(S|Y)=\frac{8}{14}\times\left[1-\left(\frac{3}{8}\right)^2-\left(\frac{5}{8}\right)^2\right]+\frac{6}{14}\times\left[1-\left(\frac{5}{6}\right)^2-\left(\frac{1}{6}\right)^2\right]=0.386\,9$$

同理，可以计算出“杂食动物”“草食动物”的Gini指标值为0.464 3、0.428 6。

至此，已经计算出对于根节点所有可能的二叉树分支属性的Gini指标，选取产生最小Gini指标值的分支属性“胎生动物”作为根节点的分支属性。对于每次新生成的节点，若子样本集的分类不唯一，就进行与根节点相同的分支划分，直至分类完成。值得注意的是，对于“饮食习性”这种有多于两种取值的属性，例如，当在某个节点的分支中使用了“饮食习性”进行划分，则此节点的一个分支的属性取值为“杂食动物，草食动物”，对于这个分支，属性“饮食习性”仍有多于一种的取值，仍可以作为分支属性继续划分出分支。

二、连续属性离散化

在上一部分内容中，脊椎动物分类训练样本集中属性的取值均为分类数据，即这些属性为离散属性，接下来讨论，在样本的属性值是连续数据的情况下，如何进行分支处理，并对离散属性的划分方式进行更详细的介绍。

分类数据有二元属性、标称属性等几种不同类型的离散属性。

二元属性只有两个可能值，如“是”或“否”、“对”或“错”。表6-2中胎生动物为一个二元属性，其数据取值为“是”或“否”，在划分时，可以产生两个分支。对于二元属性，无须对其数据进行特别的处理。

标称属性具有多个可能值，根据所使用的决策树算法的不同，标称属性的划分方式有多路划分和二元划分。表6-2中的“饮食习性”就是一个标称属性，有“肉食动物”“草食动物”“杂食动物”3种可能取值。ID3、C4.5等算法均采取多路划分的方法，标称属性有多少种可能的取值，就设计多少个分支，因此，使用ID3、C4.5等算法对“饮食习性”属性进行分裂，均会产生3个分支。然而，CART算法采用二分递归分割的方法，因此该算法生成的决策树均为二叉树，那么对于标称属性，只产生二元划分，故需要将所有q种属性值划分到两个分支中，共有$2^{q-1}-1$种划分方式。例如，使用CART算法对“饮食习性”属性进行划分，共有$2^{3-1}-1=3$种划分选择，需要分别计算其Gini指标，然后选取其中Gini指标最低的划分方式进行决策树的构建。

标称属性中有一类特别的属性为序数属性，其属性的取值是有先后顺序的，如服装的尺码“S”“M”“L”“XL”等。对于序数属性的分类，需要结合实际情况来考虑，在很多情况下，序数属性的划分是不违背其顺序的，如果将服装的尺码划分为“S，L”“M，XL”，在实际应用中就意义不大。连续属性可以离散化为序数属性，例如，对于年龄属性，可以离散化为“20岁以下”“20～30岁”“30～40岁”“40～50岁”“50～60岁”“60岁以上”6个序数属性值，从而进行决策树的构建。

首先要确定分类值的数量，然后确定连续属性值到这些分类值之间的映射关系。按照在离散化过程中是否使用分类信息，连续属性的离散化可分为非监督离散化和监督离散化。其中，非监督离散化不需要使用分类属性值，因此相对简单，有等宽离散化、等频离散化、聚类等方法。

① 等宽离散化将属性中的值划分为宽度固定的若干个区间，图6-6（a）所示是随机生成的50个二维坐标值散点图可视化结果，坐标取值范围为（0，1）。经过等宽离散化之后结果如图6-6（b）所示，其中宽度设定为0.1。

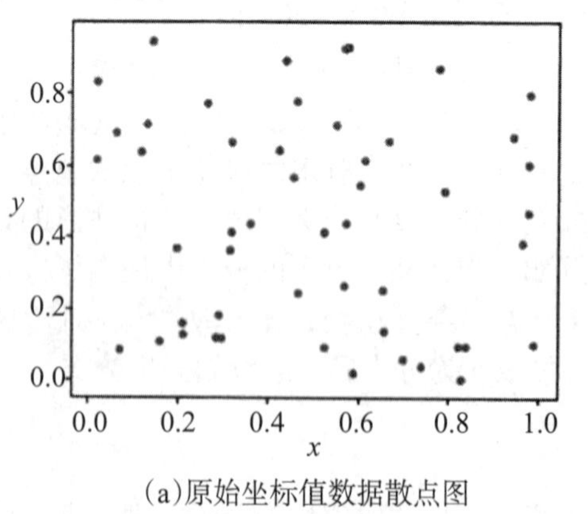

(a)原始坐标值数据散点图

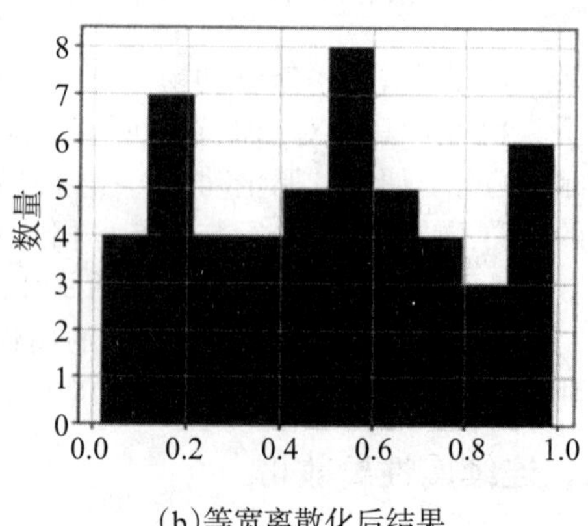

(b)等宽离散化后结果

图6-6　等宽离散化

② 等频离散化将属性中的值划分为若干个区间，每个区间的数量相等，如企业绩效评估，将员工绩效考核表现划分为排名“1～5名”“6～10名”“11～15名”等，以此类推，每个划分区间均有5名员工（即5个样本）。对原始坐标值进行等频离散化，结果如图6-7所示，其中数字5表示各区间的样本数量。

```
(0.946, 0.988]    5
(0.781, 0.946]    5
(0.654, 0.781]    5
(0.572, 0.654]    5
(0.523, 0.572]    5
(0.432, 0.523]    5
(0.31, 0.432]     5
(0.21, 0.31]      5
(0.13, 0.21]      5
(0.0178, 0.13]    5
```

图6-7　等频离散化后结果

③ 聚类将属性根据特性划分为不同的簇，以此形式将连续属性离散化。

监督离散化很多时候能够产生更好的结果，它基于统计学习方法，通过熵、卡方检验等方法判断相邻区间是否合并，即通过选取使区间纯度极大化的临界值来进行划分。C4.5与CART算法中的连续属性离散化方法均属于监督离散化方法，CART算法使用Gini指标作为区间纯度的度量标准，C4.5算法使用熵作为区间纯度的度量标准。

下面介绍决策树算法连续属性的离散化。

在ID3算法中，样本的属性被限制为离散属性。C4.5算法内置连续属性离散化方法，昆兰参考了前人对于连续变量选取临界值进行划分的方法，在C4.5算法中，对连续属性进行如下处理。

① 首先对连续属性A（含有m个可能取值）进行排序。

② 与临界值选取排序后两个相邻取值的平均值作为划分点不同，C4.5算法选取不超过此平均值的最大取值作为划分点，这样所有的临界值均出现在样本集中，共产生$m-1$个候选划分点。

③ 对于每个候选划分点，计算其信息增益率，选取信息增益率最高的候选划分点作为属性A的划分点，比较属性A和其他属性的信息增益率，选取出该节点的分支属性。

这是昆兰在1993年提出的C4.5算法中的连续属性离散化方法，但是之后此方法被认为在分支属性的选取时偏向选择有着大量不同取值的连续属性。因此，在1996年，他又提出了C4.5算法的修正版本，做出以下两个改进。

① 对于连续变量A，假设存在N个临界值，则在计算出的$Gain(S,A)$基础上减去$\log_2\frac{N-1}{|S|}$。

② 对于每个候选划分点，先计算出其信息增益，选取信息增益最高的候选划分点作为属性A的划分点，之后仍以此划分点计算出的信息增益率与其他属性比较，选取出该节点的分支属性。

对于CART算法，其连续属性离散化方法大致如下。

① 首先对连续属性A（含有m个可能取值）进行排序。

② 选取排序后的样本集中两个相邻取值的平均值作为划分点，共产生$m-1$个候选划分点。

③ 对于每个候选划分点，计算其Gini指标，选取Gini指标最低的候选划分点作为属性A的划分点，比较属性A和其他属性的Gini指标，选出该节点的分支属性。

三、过拟合问题

通常，分类算法可能产生两种类型的误差，分别是训练误差与泛化误差。训练误差代表此分类方法对于现有训练样本集的拟合程度；泛化误差代表此方法的泛化能力，即对于新的样本数据的分类能力。

好的分类模型的训练误差与泛化误差都比较低。模型的训练误差比较高，则称此分类模型欠拟合，即对训练样本的拟合程度不够；模型的训练误差低但是泛化误差比较高，则称此分类模型过拟合，即过度拟合训练数据，导致模型的泛化能力反而随着模型与训练数据的拟合程度增高而下降。

对于欠拟合问题，可以通过增加分类属性的数量、选取合适的分类属性等方法，来提高模型对于训练样本的拟合程度。随着分类模型对于样本拟合程度的逐渐增加，当决策树深度达到一定值时，即使训练误差仍在下降，泛化误差却会不断升高，产生过拟合现象。

对于决策树算法中的过拟合问题，下面举例说明。表6-3是对口罩销售定价进行分类的训练样本集，表中属性包括口罩的功能、是否为纯色。将两个属性全部用来构建决策树，可以得到如图6-8所示的决策树。

表6-3　口罩销售定价分类训练样本集（1）

产品名	功能	是否为纯色	销售价位
加厚口罩	防尘	否	低
保暖口罩	保暖	否	高
护耳口罩	保暖	是	高
活性炭口罩	防雾霾	是	中
三层防尘口罩	防尘	否	低
艺人同款口罩	防尘	是	高
呼吸阀口罩	防雾霾	是	中

可以发现，图6-8中三层决策树能够很好地拟合训练样本集中的数据，训练误差为0。

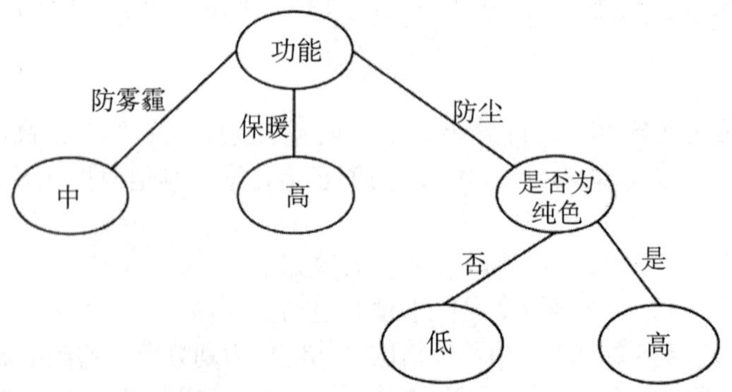

图6-8　由表6-3构建的决策树(1)

表6-4是另一组口罩数据，使用这一组数据作为测试样本集。

表6-4 口罩销售定价分类测试样本集（2）

产品名	功能	是否为纯色	销售价位
儿童口罩	防尘	是	低
情侣口罩	保暖	否	高
一次性口罩	防尘	否	低
无纺布口罩	防尘	是	低
颗粒物防护口罩	防雾霾	否	中

使用测试样本集对图6-8所示的决策树进行测试，发现由此测试样本集计算出的误差高达2/5。如果不强求对于训练样本集的拟合程度，构建一棵两层决策树，如图6-9所示，可发现该决策树对于测试样本集的表现反而明显好于图6-8中的决策树。

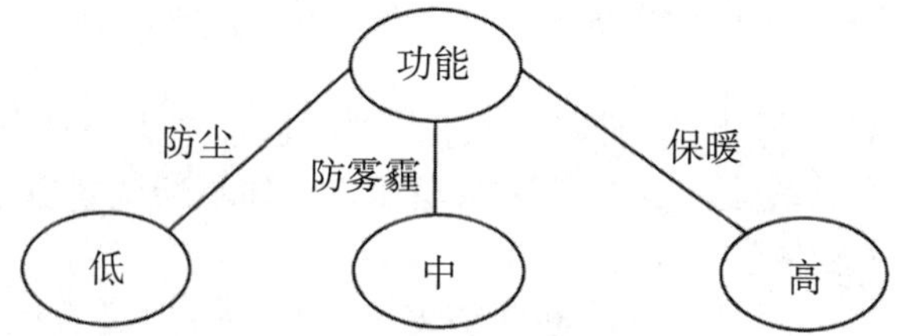

图6-9 由表6-3构建的决策树(2)

这就是一个简单的过拟合的例子。“艺人同款口罩”这个产品是一个特例（噪声），在大量训练样本中难免会出现这种特例，如果在决策树构建过程中过度追求对于训练样本集的拟合程度，就会因特例的存在而出现问题，从而使分类的泛化误差增大。此例介绍了由于数据中的特例导致的过拟合现象。

另外，除了数据中噪声的问题，训练样本集中缺乏足够多的“功能为防尘且为纯色”的样本，只有一例而且为特例情况，也在很大程度上导致了误分类，所以此例中也反映了缺乏具有代表性的样本也会导致过拟合现象。

过拟合现象会导致随着决策树的继续增长，尽管训练误差仍在下降，但是泛化误差停止下降，甚至还会提升。如图6-10所示的曲线可以清楚地反映这一现象。

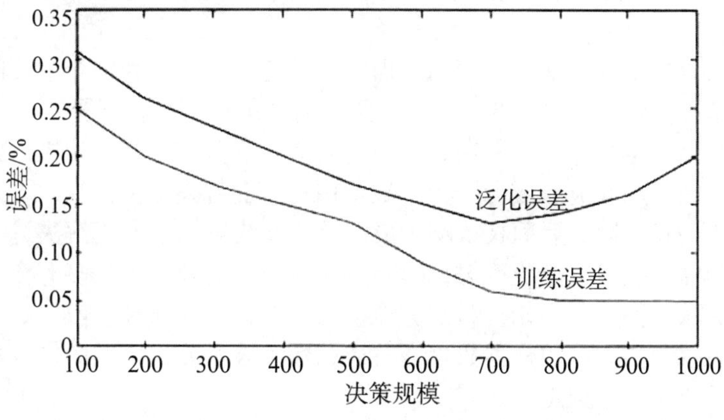

图6-10 决策树误差曲线

泛化误差估计方法主要有训练误差估计、结合模型复杂度估计、使用检验集等。

（1）训练误差估计

训练误差估计也称“再代入估计”，它使用训练误差对泛化误差进行乐观估计，即选择训练误差最低的模型作为最终模型，由于其再代入模型的数据源于训练样本，这种方法偏向于复杂的决策树，估计效果不佳。

（2）结合模型复杂度估计

模型越复杂，其过拟合的可能性就越高，结合模型复杂度估计这一方法基于奥卡姆剃刀原则将模型复杂度与模型评估结合起来，即对于两个泛化误差相同的模型，将优先选择复杂度较低的模型。

最小描述长度原则是基于信息论中最小描述长度（MDL）估计模型泛化误差。例如，假设要将模型描述（即模型的结构）通过网络传输给接收者，为了提高传输效率，需要尽可能缩短模型描述信息的长度，即在保证模型准确率的情况下尽可能压缩模型结构。

（3）使用检验集

从训练集中分出一部分样本作为检验集，在训练过程中进行泛化误差估计，例如按照3：1的比例分配训练集和检验集。这一方法原理简单，即不断调整决策树结构并计算检验集的错误率，直到取得一个较低误差的模型。

解决过拟合问题，一方面要注意数据训练集的质量，选取具有代表性的样本进行训练；另一方面要避免决策树过度增长，通过限制树的深度来减小数据中的噪声对于决策树构建的影响，一般可以采取剪枝的方法。

剪枝是决策树算法中常用的技术，用来缩小决策树的规模，从而降低最终算法的复杂度并提高预测准确度。剪枝方法包括预剪枝与后剪枝两类。预剪枝的思路是提前终止决策树的增长，即在形成完全拟合训练样本集的决策树之前就停止树的增长，避免决策树规模过大而产生过拟合。预剪枝有以下几种常用的方法。

① 设置一个阈值，决策树层数大于阈值时停止生长。

② 设置一个阈值，决策树节点中样本数小于阈值时停止划分分支。

③ 设置一个阈值，当决策算法中不纯度度量的增益（如信息增益、信息增益率、Gini指标等）低于阈值时，说明决策树的继续增长对于分类准确度提升已有限，此时停止增长。

④ 使用卡方检验，检验叶节点中样本是否与剩余未使用特征相互独立，若相互独立，则停止划分分支。

预剪枝策略经常需要先设置一个阈值，但如何选定阈值则成为一个重要问题。阈值选定过高容易导致欠拟合问题，而阈值选定过低又无法有效解决过拟合问题。

相比之下，后剪枝的思路更加复杂，也更为有效。后剪枝策略先让决策树完全生长，之后针对子树进行判断，用叶节点或者子树中最常用的分支替换子树，以此方式不断改进决策树，直至无法改进为止。因为后剪枝策略生成的是完全决策树，所以解决过拟合问题的效果更好，但是由于其需要生成完全决策树，时间复杂度较预剪枝要大很多。在这里简要介绍几种常用的后剪枝算法。图6-11是未剪枝的完全决策树中的一棵子树。其中，T_3为节点名，节点中左边的数字表示分类正确的样本数量，右边的数字表示分类错误的样本数量，可以看到T_3这棵子树覆盖了17条样本数据。

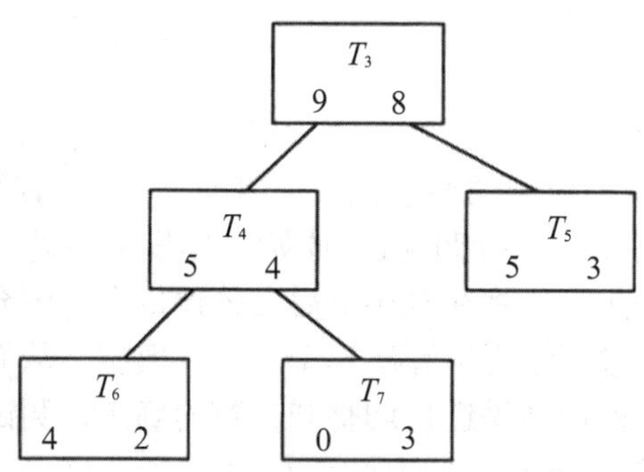

图6-11　未剪枝的完全决策树中的一棵子树

错误率降低剪枝（REP）是后剪枝策略中最简单的算法之一，该算法使用一个测试集进行测试，记录下对于决策树的每棵子树剪枝前后的误差数之差，选取误差数最少的子树进行剪枝，将其用样本中最多的类替换。按此步骤自底向上，遍历决策树的所有子树，当发现没有可替换的子树时，即每棵子树剪枝后的误差数都会增多，则剪枝结束。

REP方法思路清晰，具有简单、快速的优点，在数据集较大时效果不错。但由于需要比对模型子树替换前后的预测错误率，因此需要从数据集中划分出单独的测试集，故而当数据集较小时，REP策略的效果会有所下降。

四、分类性能评价

对于任何一个机器学习算法，当完成了模型的构建之后，都需要对模型的效果进行评估，认此来调整模型的参数，使模型性能达到最优。下面对分类模型（分类器）中学习效果评价的一些方法和指标进行介绍。

在对结果进行分析时，常见的问题是容易混淆因果关系和相关性。例如，分析发现汽车保养比较规律的比保养不规律的更难出现意外事故，就认为保养规律与不发生意外事故呈现因果关系，而实际上，可能是因为保养规律的驾驶人更自律，或者是其更加认真遵守交通规则，所以，保养是否规律与是否发生意外事故只是相关关系。

在模型评价中容易出现主观性问题，由于数据采集或业务理解的局限，容易让分析人员认为某种方案的改进一定可以解决企业的问题，而没有综合数据、业务、场景等多个维度对模型分析结果进行解读，分析报告虽然很有逻辑性，看起来很合理，但是不符合企业实际应用场景，反而对企业决策产生负面作用。所以分析结果的评估需要业务专家参与，对结果的合理性、可理解性、实用性进行评估，使其具有落地的价值。

不同的分析任务需要选择不同的指标作为衡量标准。例如在疾病预测时，需要着重关注召回率，而不是精确率，因为疾病在多数情况下是正例（不患病），反例（患病）较少，两个类的样本比例差别很大。例如100条记录中，5次发现患病，其中4次为误报，1次为识别正确，相较于全部识别为正常的精确率99%，虽然精确率降低为96%，但是召回率却由原来的0升到了100%。虽然误报了疾病（经过复查可以排除），但是没有遗漏真正患病的人群。

（一）评价指标

在模型训练之前，需要将数据按照一定比例划分为训练集和测试集，其中，训练集用于算法模型的训练，测试集用于模型的性能测试、评价。一般情况下，在模型评估与选择阶段，为确定模型的参数并对模型进行调优， 原始数据集又被进一步按照特定方式（具体划分方式如交叉验证法、留一法等，将在本小节后文的评价方法中介绍）划分为训练集、验证集、测试集。训练集用于通过训练得出算法模型（分类模型）从而拟合数据，验证集用于评价模型的性能与表现，根据评价结果进行调整和参数的确定；测试集必须保持独立性，不能以任何方式参与模型的创建。

对于一般分类问题，分类模型的评价指标除了前文提到过的训练误差和泛化误差，还有准确率、错误率等。假设检验集中有n个样本，其中有k个正确分类的样本，其准确率为k/n，而错误率为$1-k/n$。

对于常见的二分类问题，样本只有两种分类结果，我们将其定义为正例与反例。那么在进行分类时，对于一个样本，可能出现的分类情况共有以下4种。

① 样本为正例，被分类为正例，称为真正类（TP）。

② 样本为正例，被分类为反例，称为假反类（FN）。

③ 样本为反例，被分类为正例，称为假正类（FP）。

④ 样本为反例，被分类为反例，称为真反类（TN）。

下面介绍一些二分类问题中的评价指标。

① 准确率（accuracy）：分类模型正确分类的样本数（包括正例与反例）与样本总数的比值。公式如下（其中，TP、TN、FN、FP表示相应类的样本个数）

$$\text{Accuracy}=\frac{TP+TN}{TP+FN+FP+TN} \tag{6-6}$$

② 精确率（precision）：模型正确分类的正例样本数与总的正例样本数（即正确分类的正例样本数目与错误分类的正确样本数目之和）的比值。公式如下

$$\text{Precision}=\frac{TP}{TP+FP} \tag{6-7}$$

③ 召回率（recall，也称“查全率”）：模型分类正确的正例样本数与分类为正例的样本总数（分类正确的正例和分类错误的反例之和）的比值。公式如下

$$\text{Recall}=\frac{TP}{TP+FN} \tag{6-8}$$

在这些评价指标的基础上，由于精确率与召回率均只能反映某一个方面的问题，单独通过精确率或召回率评价模型的好坏并不一定全面，因此需要使用综合评价指标来对分类模型进行评价。F值为一种常用的分类模型综合评价指标，它是精确率与召回率的调和平均，能够综合体现两种指标，计算公式如下

$$F=\frac{(\alpha^2+1)\times\text{Precision}\times\text{Recall}}{\alpha^2\text{Precision}+\text{Recall}} \tag{6-9}$$

式中，α为调和参数值，当α取值为1时，F值就是最常见的F_1值，其计算公式为

$$F_1=\frac{2\times\text{Precision}\times\text{Recall}}{\text{Precision}+\text{Recall}} \tag{6-10}$$

除了F值，受试者操作特征（ROC）曲线也是一种常用的综合评价指标。假设检验集中共有20个样本，每个样本为正类（例）或反类（例），根据分类算法模型可以得出每个样本属于正类的概率，将样本按照此概率由高到低排列，见表6-5所列。

表6-5　用于ROC曲线绘制的检验集

样本编号	分类	预测为正类的概率	样本编号	分类	预测为正类的概率
1	正类	0.98	11	正类	0.68
2	正类	0.96	12	正类	0.64
3	正类	0.92	13	正类	0.59
4	正类	0.88	14	正类	0.55
5	正类	0.85	15	反类	0.52
6	正类	0.83	16	正类	0.51
7	反类	0.82	17	正类	0.50
8	正类	0.80	18	反类	0.48
9	正类	0.78	19	正类	0.42
10	反类	0.71	20	反类	0.20

随后为绘制ROC曲线，将样本为正类的概率由高到低依次作为阈值 t，当样本为正类的概率大于 t 时，视其为正类；反之视其为反类。举例来说，若将样本10视为正类的概率0.71作为阈值，则分类结果为样本1～10为正类，样本11～20为反类。ROC曲线使用真正率 $TPR=TP/(TP+FN)$ 作为竖轴，假正率 $FPR=FP/(FP+TN)$ 作为横轴。对于每一个选定的阈值，均能产生一个对应的ROC曲线上的点。对应地，由20个阈值可以产生20个点，将20个点连接得到ROC曲线，如图6-12所示。

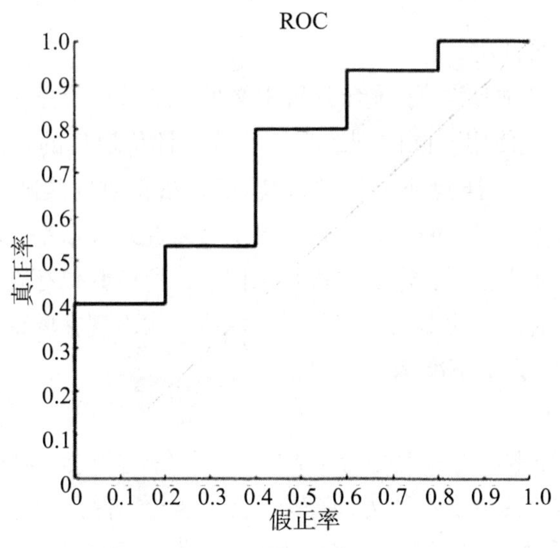

图6-12　ROC曲线示例

ROC曲线下的面积称为AUC，AUC值越大，表示分类模型的预测准确性越高，ROC曲线下越光滑，一般表示过拟合现象越轻。

相比其他评价指标，ROC曲线的优势在于当检验集中的正负样本的分布发生变化时，ROC曲线能够保持不变。相比之下，另一常用的评价曲线（precision-recall曲线）则受正负样本的分布影响极大。例如，在样本中对每个反类样本复制3倍，使样本集大小扩充到40，其中10个正类样本、30个反类样本。在ROC曲线中，计算时反类样本量的变化对真正率与假正率均无影响，而在precision-recall曲线中，反类样本量的变化会对精度造成较大影响。

以上即常用的分类模型的评价指标。此外，分类模型的评价指标还包括算法的效率、稳健性、计算复杂性、简洁性和易用性等。

（二）评价方法

（1）保留法

保留法是一种简单的验证方法。将样本集按照一定比例划分为训练集与验证集两个集合，两个集合中样本随机分配且不重叠。对于比例的确定，一般情况下，训练集会大于检验集，例如训练集占70%，验证集占30%，具体比例可结合实际情况确定。

虽然保留法比较简单，但是存在一些局限性。第一，因为保留法将样本集分为训练集与验证集，所以与交叉验证法等能够覆盖全部样本的验证方法相比，当样本集不够大时，其训练效果就会较差。第二，由于保留法需要确定固定比例对训练集与验证集进行分割，该比例的确定变得非常重要。如果训练集的比例较小，会导致训练效果不佳；如果训练集的比例较大，则验证集的检验效果不够可靠，因此两者的比例会在一定程度上影响模型的效果。

（2）蒙特卡洛交叉验证法

交叉验证也称“循环估计”，是统计分析中常见的结果评价方法，其核心思想是通过多次划分数据集，从而多次使用不同的训练集与检验集评价模型的好坏。蒙特卡洛交叉验证法，也称“重复随机二次采样验证法”，这种验证方法将数据集随机划分为训练集与验证集，使用检验集检验训练集训练的模型效果，多次重复此过程取平均值作为模型好坏的评价标准。蒙特卡洛交叉验证法也可看作多次进行保留法，所以其仍存在保留法的一些问题。虽然是多次划分，但会受随机性的影响，有些样本可能多次出现在验证集中，有些可能从未出现在验证集中，导致结果评价不准确。

（3）k折交叉验证法

k折交叉验证法将样本集随机地划分为k个大小相等的子集，在每一轮交叉验证中，选择一个子集作为验证集，其余子集作为训练集，重复k轮，保证每一个子集都作为验证集出现，用k轮检验结果取平均值作为模型好坏的评价标准。最常用的k折交叉验证法为10折交叉验证法。

举例来说，假设k=2，即将样本集分为两个子集S_0与S_1，先使用S_0作为训练集，S_1作为验证集，之后将两者对换，使用S_1作为训练集，S_0作为验证集，之后取验证结果的平均值。

与蒙特卡洛交叉验证法相比，k折交叉验证法的优势在于，所有的样本都作为训练样本与验证样本出现过，且每个样本恰好作为检验样本出现过一次，在很大程度上避免了划分训练集和验证集过程中的不确定性。但k折交叉验证法固定了训练集与验证集的比例为（k–1）：1，相比之下，蒙特卡洛交叉验证法则更加灵活。

（4）留一法

蒙特卡洛交叉验证法与k折交叉验证法在大多数情况下均为不彻底的交叉验证法，即并不考虑原始样本集的全部分类可能性。而留一法属于彻底的交叉验证法，即考虑原始样本集所有分类可能的交叉验证方法。

留一法指每次验证集中只包含一个样本的交叉验证方法。考虑验证集大小为1的情况，共有$C_n^1=n$种可能（n为总的样本数），因此留一法进行n轮交叉验证，每轮均使用一个不同的样本作为验证集进行检验，其余样本作为训练集，综合n轮结果来评价模型的好坏。

更普遍的情况为留p法，即每次使用p个样本作为验证集，其余样本作为训练集，共有C(n, p)种可能的划分方法。留p法作为模型评价方法，有效地覆盖了各种可能的情况，但是显而易见，此方法的计算复杂度过高，当p设置得较大时，往往难以计算。

留一法作为留p法取p=1时的情况，同时也是k折交叉验证中k取值为n的情况。留一法与留p法相比，没有那么大的计算复杂度，同时使用了尽量多的训练记录，验证集之间也保持了互斥关系。但是因为每个验证集只有一个记录，所以留一法评价模型的方差较高。而且虽然留一法相比留p法其计算复杂度大幅下降，但是与蒙特卡洛交叉验证法、k折交叉验证法等常用交叉验证方法相比，其计算复杂度仍然要高得多。

（5）自助法

自助法是统计学中的一种有放回均匀抽样方法，即从一个大小为n的样本数据集S中构建一个大小为n'的训练样本集S_t，需要进行n'次抽取，每次均可能抽取到n个样本中的任何一个。n'次抽取之后，剩余的未被抽取到的样本组成检验集。因为自助法有放回抽样的特性，所以它对于小数据集的检验有着不错的效果。

第二节　集成学习

集成学习是机器学习中近年来的一大热门领域，其中的集成方法是用多种学习方法的组合来获取比原方法更优的结果。用于组合的算法是弱学习算法，是分类正确率仅比随机猜测略高的学习算法，但是组合之后的效果仍可能高于弱学习算法，即集成之后的算法准确率和效率都很高。图6-13是通用的集成学习过程。

本节以决策树算法的组合为例，简要介绍装袋法、提升法、GBDT、XGBoost、随机森林等常用的集成分类算法。

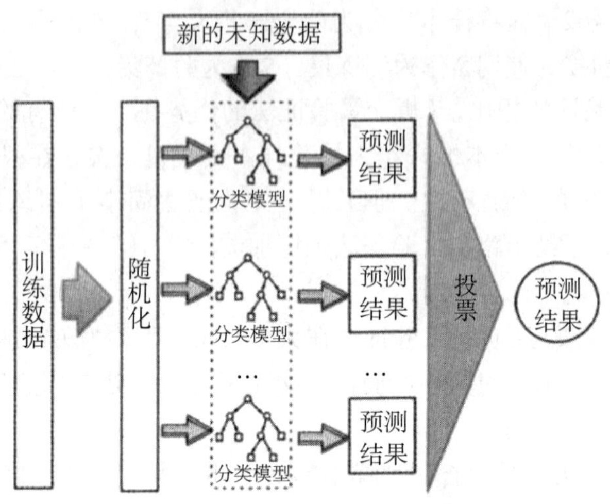

图6-13 通用的集成学习过程

一、装袋法

装袋（Bagging）法又称“引导聚集算法”，其原理是通过组合多个训练集的分类结果来提升分类效果。

假设有一个大小为n的训练样本集S，装袋法是从样本集S中多次放回采样取出大小为n'（$n'<n$）的m个训练集，对于每个训练集S_i，均选择特定的学习算法（应用在决策树分类中即为CART算法等决策树算法），建立分类模型。对于新的测试样本，所建立的m个分类模型将返回m个预测分类结果，装袋法构建的模型最终返回的结果将是这m个预测结果中占多数的分类结果，即投票中的多数表决。而对于回归问题，装袋法将采取平均值的方法得出最终结果。

装袋法由于多次采样，每个样本被选中的概率相同，噪声数据的影响减小，因此不太容易受到过拟合的影响。

二、提升法

提升法与装袋法相比每次的训练样本均为同一组，并且引入了权重的概念，给每个单独的训练样本都会分配一个相同的初始权重。然后进行T轮训练，每一轮中使用一个分类方法训练出一个分类模型，使用此分类模型对所有样本进行分类并更新所有样本的权重：分类正确的样本权重降低，分类错误的样本权重增加，从而达到更改样本分布的目的。由此可知，每一轮训练后，都会生成一个分类模型，而每次生成的这个分类模型都会更加注意之前分类错误的样本，从而提高样本分类的准确率。对于新的样本，将T轮训练出的T个分类模型得出的预测结果加权平均，即可得出最终的预测结果。

在提升法中，有两个主要问题需要解决：一是如何在每轮算法结束之后根据分类情况更新样本的权重，二是如何组合每一轮算法产生的分类模型得出预测结果。根据解决这两个问题时使用的不同方法，提升法有着多种算法实现。下面以较有代表性的算法AdaBoost为例介绍提升法的实现过程。

假设训练样本集中共有 n 个样本。AdaBoost以每一轮模型的错误率作为权重指标，结合样本分类是否正确来更新各样本的权重；在组合每一轮分类模型的结果时，同样根据每个模型的权重指标进行加权计算。假设 T 为最大训练迭代次数，每次迭代生成的弱分类器用 $h(x)$ 表示，具体算法思路如下：

① 首先，对于训练样本集中的第 i 个样本，将其权重设置为 $1/n$。

② 在第 j 轮的训练过程中，产生的加权分类错误率为 ε_j，若 ε_j 大于0.5，表示此分类器错误率大于50%，分类性能比随机分类还要差，则返回步骤①。

③ 计算模型重要性，计算公式如下

$$\alpha_j = \frac{1}{2}\ln\frac{1-\varepsilon_j}{\varepsilon_j} \tag{6-11}$$

④ 调整样本权重，对于每个样本，有

$$w(j+1) = \begin{cases} \dfrac{w(j)\times \mathrm{e}^{-\alpha_j}}{Z_j}, 分类正确 \\ \dfrac{w(j)\times \mathrm{e}^{\alpha_j}}{Z_j}, 分类错误 \end{cases} \tag{6-12}$$

式中，Z_j 为确保所有权重总和为1的归一化因子。

⑤ 经过 T 轮模型构建，最终分类模型为

$$H(x) = \mathrm{sign}\left(\sum_{j=1}^{T}\alpha_j h_j(x)\right) \tag{6-13}$$

式中，$h(x)$ 为第 j 次迭代生成的弱分类器。

依靠这样的分类过程，AdaBoost算法能够有效关注到每一轮分类错误的样本，每一轮迭代生成一个弱分类器，其准确性越高，在最终分类模型中所占的权重就越高，使最终分类结果的准确性与弱分类器相比，得到很大提升。

三、GBDT算法

梯度提升决策树（GBDT）是一种迭代决策树算法，主要用于回归，经过改进后也可用于实现分类任务。GBDT的实现思想是构建多棵决策树，并将所有决策树的输出结果进行综合然后得到最终的结果。

GBDT算法的构建过程与分类决策树的类似，主要区别在于回归树节点的数据类型为连续数据，每一个节点均有一个具体数值，此数值是该叶节点上所有样本数值的平均值。同时，衡量每个节点的每个分支属性表现，不再使用熵、信息增益或Gini指标等纯度指标，而是通过最小化每个节点的损失函数值来对每个节点处的分支进行划分。

回归树分支划分终止的条件为每个叶节点上的样本数值唯一，或者达到预设的终止条件，如决策树层数、叶节点个数达到上限。若最终存在叶节点上的样本数值不唯一，则仍以该节点上的所有样本的平均值作为该节点的回归预测结果。

提升决策树（boosting decision tree）使用提升法的思想，结合多棵决策树来共同进行决策。首先介绍GBDT算法中的残差概念，残差值为真实值与决策树预测值之间的差。GBDT算法采用平方误差作为损失函数，每一棵回归树都要学习之前所有决策树累加起来的残差，

拟合得到当前的残差决策树。提升决策树是利用加法模型和前项分布算法来实现学习和过程优化。当提升树使用的是平方误差这种损失函数时，提升树每一步的优化会比较简单，然而当提升树中使用的损失函数为绝对值损失函数时，每一步的优化往往不那么简单。

针对此问题，美国计算机学者弗里德曼于1999年提出了GBDT算法，利用梯度下降的思想使用损失函数的负梯度在当前模型的值，作为提升决策树中残差的近似值，以此来拟合回归决策树。GBDT的算法过程如下：

（1）初始化决策树，估计一个使损失函数最小化的常数来构建一棵只有根节点的树。

（2）不断提升迭代。

① 计算当前模型中损失函数的负梯度值，作为残差的估计值；

② 估计回归树中叶节点的区域，拟合残差的近似值；

③ 利用线性搜索估计叶节点区域的值，使损失函数极小化；

④ 更新决策树。

（3）经过若干轮的提升迭代过程之后，输出最终的模型。

四、XGBoost算法

对于GBDT算法的具体实现，最为出色的是XGBoost树提升系统，此模型的性能已得到广泛认可，并被大量应用于Kaggle等数据挖掘比赛中，取得了极好的效果。在XGBoost系统实现的过程中，对GBDT算法进行了多方面的优化。由于诸多方面的优化实现，XGBoost在性能和运行速度上都优于一般的GBDT算法。

XGBoost算法是一种基于GBDT的算法，其基本思想与GBDT类似，每一次计算都要减少前一次的残差值，但XGBoost进行了优化，包括在损失函数中增加正则化项、缩减树权重和列采样，在工程实现方面采用行列块并行学习，减少时间开销。

假设有K棵树，$f_k(x_i)$为第k个基分类器对第i个样本的输出值（即树的叶节点值），将这K棵树对第i个样本进行求和就可以得到$\hat{y}_i$，$\hat{y}_i$为这K棵树对第i个样本的预测结果。

$$\hat{y}_i=\sum_{k=1}^{K}f_k(x_i) \tag{6-14}$$

损失函数L计算所有的样本预测结果$\hat{y}_i$和实际结果y_i之间的差异。

$$L=\sum_{i=1}^{n}l(\hat{y}_i,y_i) \tag{6-15}$$

式中，n为样本数量。优化目标是在损失函数的基础上再加上正则项，以避免过拟合的情况，提高模型性能。

$$Obj=\sum_{i=1}^{n}l(\hat{y}_i,y_i)+\sum_{k=1}^{K}\Omega(f_k) \tag{6-16}$$

式中，Ω为模型的正则化项，$\Omega(f_k)$则表示控制第k棵树的复杂度，树结构复杂度由叶节点的数量T和叶节点权重w表征

$$\Omega(f)=\gamma T+\frac{1}{2}\lambda||w||^2 \tag{6-17}$$

式中，γ和λ为正则化系数，其值越大，正则化的惩罚效果就越强，损失值越大。叶节点的权重系统采用L_2正则化。通过最小化损失函数减小误差，最小化正则项减少方差，从而提高

模型的泛化能力。

将目标函数Obj进一步简化，以减少未知量。根据Boosting算法的思想，当前预测结果是在前一轮结果的基础上进行提升得到的，可以得到下面公式

$$\hat{y}_i^k = \hat{y}_i^{k-1} + f_k(x_i) \tag{6-18}$$

式中，$\hat{y}_i^k$ 为第 k 个模型给出的预测值，$\hat{y}_i^{k-1}$ 是第 $k-1$ 个模型给出的预测值。

$$\begin{aligned} Obj^k &= \sum_{i=1}^{n} l(y_i, \hat{y}_i^k) + \sum_{k=1}^{K} \Omega(f_k) \\ &= \sum_{i=1}^{n} l(y_i, \hat{y}_i^{k-1} + f_k(x_i)) + \sum_{k=1}^{K} \Omega(f_k) \end{aligned}$$

在训练第 k 棵树时，前 $k-1$ 棵树已经生成，因此可将 $\hat{y}_i^{k-1}$、$\sum_{k=1}^{K-1} \Omega(f_k)$ 作为常数看待，故可将目标函数进一步简化

$$\begin{aligned} Obj^k &= \sum_{i=1}^{n} l(y_i, \hat{y}_i^{k-1} + f_k(x_i)) + \Omega(f_k) + \sum_{k=1}^{K-1} \Omega(f_k) \\ &= \sum_{i=1}^{n} l(y_i, \hat{y}_i^{k-1} + f_k(x_i)) + \Omega(f_k) \end{aligned}$$

求 Obj^k 的最小值需要计算 $f_k(x_i)$ 与 $\Omega(f_k)$。泰勒公式是用高阶函数上某一点的各阶导数作为系数，转换成一个多项式来近似表示函数

$$f(x+\Delta x) \approx \frac{f(x)}{0!} + \frac{f'(x)}{1!}(\Delta x) + \frac{f''(x)}{2!}(\Delta x)^2 \tag{6-19}$$

其中，将 Δx 看作一个无穷小的增量，可以将其类比于前一棵树的结果增量，将 $f(x)$ 视为 $l(y_i, \hat{y}_i^{k-1})$，将 $f(x+\Delta x)$ 视为 $l(y_i, \hat{y}_i^{k-1} + f_k(x_i))$，式中 $\hat{y}_i^{k-1}$ 为泰勒公式中的 x，$f_k(x_i)$ 为泰勒公式中的 Δx，可以得到如下目标函数

$$\begin{aligned} Obj^k &= \sum_{i=1}^{n} l(y_i, \hat{y}_i^{k-1} + f_k(x_i)) + \Omega(f_k) \\ &= \sum_{i=1}^{n} \left[l(y_i, \hat{y}_i^{k-1}) + \partial_{\hat{y}^{k-1}} f_k(x_i) + \frac{1}{2} \partial_{\hat{y}^{k-1}}^2 f_k^2(x_i) \right] + \Omega(f_k) \end{aligned}$$

式中，$\partial_{\hat{y}^{k-1}}$ 是 $f(x)$ 的一阶导数，$\frac{1}{2}\partial_{\hat{y}^{k-1}}^2$ 是 $f(x)$ 的二阶导数。由于训练第 k 棵树时前 $k-1$ 棵树已经确定，因此 $l(y_i, \hat{y}_i^{k-1})$ 可作为常数，同时用抽象符号 g_i 表示一阶导数 $\partial_{\hat{y}^{k-1}}$，用 h_i 表示二阶导数 $\partial_{\hat{y}^{k-1}}^2$。由于 g_i 和 h_i 是前 $k-1$ 棵树的一阶和二阶求导结果，因此可以认为 g_i 和 h_i 也为常数。上一步的预测结果与实际值的残差值 $l(y_i, \hat{y}_i^{k-1})$ 作为常数，对当前优化没有影响，可以将其直接去除，因此最后把简化和优化目标集中到了第 k 棵树上。

$$\begin{aligned} Obj^k &\approx \sum_{i=1}^{n} \left[l(y_i, \hat{y}_i^{k-1}) + \partial_{\hat{y}^{k-1}} f_k(x_i) + \frac{1}{2} \partial_{\hat{y}^{k-1}}^2 f_k^2(x_i) \right] + \Omega(f_k) \\ &\to \sum_{i=1}^{n} g_i f_k(x_i) + \frac{1}{2} h_i f_k^2(x_i) + \Omega(f_k) \end{aligned}$$

优化目标是计算所有 n 个样本的损失值之和，每个样本最终会落在某个叶节点上，可以

将样本按照叶节点进行归组合并，即在目标函数中引入树的结构，以简化训练和优化的过程。

可以先假设有一棵结构已知的树，有以下几个重要的参数：

① $q_i(x_i)$ 表示样本x落到的叶节点；

② w_j 表示第j个叶节点的权重；

③ $I_j=\{i|q(x_i)=j\}$ 表示归属于叶节点j的样本集合。

一棵树的复杂度与其叶节点个数和叶节点权重有关，基于上述几个参数的定义，对于第k棵树上的第i个样本的目标函数 $f_k(x_i)$ 可以用 $w_{q(x_i)}$ 表示，相当于 x_i 落在 $q(x_i)$ 叶节点上的取值，即样本i最后落在叶节点上的权重。树的复杂度计算公式如下

$$\Omega(f_k)=\gamma T+\frac{1}{2}\lambda\sum_{j=1}^{T}w_j^2 \tag{6-20}$$

式中，叶节点的个数T和叶节点值 w_j 控制树的复杂度，这两个变量越小，树的复杂度就越低。将γ设置得比较大，叶节点个数T就小；将λ设置得比较大，可以控制 w_j。

将树的复杂度引入第k棵树的目标函数

$$\begin{aligned}Obj^k&=\sum_{i=1}^{n}\left[l(y_i,\hat{y}_i^{k-1})+\partial_{\hat{y}^{k-1}}f_k(x_i)+\frac{1}{2}\partial_{\hat{y}^{k-1}}^2f_k^2(x_i)\right]+\Omega(f_k)\\&=\sum_{i=1}^{n}\left[l(y_i,\hat{y}_i^{k-1})+\partial_{\hat{y}^{k-1}}f_k(x_i)+\frac{1}{2}\partial_{\hat{y}^{k-1}}^2f_k^2(x_i)\right]+\gamma T+\frac{1}{2}\lambda\sum_{j=1}^{T}w_j^2\\&=\sum_{j=1}^{T}\left[\mathrm{const}\,ant+g_iw_j+\frac{1}{2}h_iw_j^2\right]+\gamma T+\frac{1}{2}\lambda\sum_{j=1}^{T}w_j^2\\&=\sum_{j=1}^{T}\left[\left(\sum_{i\in I_j}g_i\right)w_j+\frac{1}{2}\left(\sum_{i\in I_j}h_i+\lambda\right)w_j^2\right]+\gamma T\end{aligned} \tag{6-21}$$

先从样本的角度去考虑问题，遍历所有的样本，对样本最后的取值进行求和；然后将每个叶节点内的样本进行运算就可以得到结果。

由于 $\sum_{i\in I_j}g_i$ 和 $\sum_{i\in I_j}h_i+\lambda$ 是常数，因此式（6-21）就是关于 w_j 的一个一元二次表达式。

$$Obj^k=\sum_{j=1}^{T}\left[G_jw_j+\frac{1}{2}(H_j+\lambda)w_j^2\right]+\gamma T$$

式中，$G_j=\sum_{i\in I_j}g_i$，$H_j=\sum_{i\in I_j}h_i$，求解目标函数的最小值和最小值对应的 w_j：

$$w_j^*=-\frac{G_j}{H_j+\lambda}$$

将极值点代入目标函数，可得最优结果

$$Obj^*=-\frac{1}{2}\sum_{j=1}^{T}\frac{G_j^2}{H_j+\lambda}+\gamma T$$

枚举所有树从而找到最佳的第k棵树是NP困难问题，XGBoost通过贪心的思想对当前最优划分点进行搜索，从而生成一棵树。

在节点划分分支前的优化目标

$$Obj_{\text{old}}^{*}=-\frac{1}{2}\sum_{j=1}^{T}\frac{(G_L+G_R)^2}{H_L+H_R+\lambda}+\gamma T$$

令 I_L 和 I_R 分别表示加入划分点后左右叶子节点的样本集合，有 $I=I_L\cup I_R$，G_L 和 G_R 分别是划分前左右子节点的一阶求导计算结果

$$G_L=\sum_{i\in I_L}g_i,\ G_R=\sum_{i\in I_R}g_i$$

H_L 和 H_R 分别是划分前左右子节点的二阶求导计算结果

$$H_L=\sum_{i\in I_L}h_i,\ H_R=\sum_{i\in I_R}h_i$$

节点划分分支后的优化目标

$$Obj_{\text{new}}^{*}=-\frac{1}{2}\sum_{j=1}^{T}\frac{G_L^2}{H_L+\lambda}+\frac{G_R^2}{H_R+\lambda}+2\gamma T$$

划分后的增益计算公式：

$$Gain=Obj_{\text{old}}^{*}=Obj_{\text{new}}^{*}=\frac{1}{2}\sum_{j=1}^{T}\left[\frac{G_L^2}{H_L+\lambda}+\frac{G_R^2}{H_R+\lambda}-\frac{(G_L+G_R)^2}{H_L+H_R+\lambda}\right]-\gamma T$$

最优划分点搜索算法实现的过程如下：

① 初始化增益Gain的值为0，对每个节点循环穷举所有特征；

② 对样本数据进行特征值排序；

③ 计算每个特征对应的 G_L 、G_R 、H_L 和 H_R ；

④ 计算增益Gain，如果超过最高值，则将其作为最高值；

⑤ 将最高值的特征作为最优划分点。

通过贪心算法可以得到最优的生成树，并且非常精确枚举所有可能的划分点，但当数据量太大时无法读入内存，则不能进行精确搜索划分，需要通过近似的方法进行树结构的求解，其基本原理是按照特征分布的百分位数选择候选划分点。

在实际应用中，会遇到稀疏特征，比如数据本身有缺失或人工设计的特征（如独热编码），很多机器学习算法没有具体办法处理稀疏数据，XGBoost训练数据的时候，它使用没有缺失的数据进行分支划分；然后将特征上缺失的数据尝试放在左右节点上，看哪个分数高，缺失数据就放哪个分支节点上。把缺失值分配到的分支称为默认分支。

五、随机森林算法

随机森林算法是专为决策树分类器设计的集成方式，是对装袋法的拓展。随机森林算法与装袋法采取相同的样本抽取方式。装袋法中的决策树每次从所有属性中选取一个最优的属性作为其分支属性，而随机森林算法每次从所有属性中随机抽取 F 个属性，然后从这 F 个属性中选取一个最优的属性作为其分支属性，这样就使得整个模型的随机性更强，从而使模型的泛化能力更强。而参数 F 的选取，决定了模型的随机性。若样本属性共有 M 个，$F=1$ 意味着随机选择一个属性来作为分支属性，F=属性总数时就变成了装袋法集成方式，通常 F 的取值为小于 $\log_2(M+1)$ 的最大整数。而随机森林算法使用的弱分类决策树通常为CART算法。

随机森林算法思路简单、易实现，却有着比较好的分类效果。

第七章　深度神经网络

1943年，美国心理学家麦卡洛克和皮茨参考生物神经元的结构发明了神经元模型之后，神经网络从单层发展到两层，再到多层。随着层数的增加和激活函数的不断演变，其非线性拟合能力不断加强。随着计算机的运算能力的提高和数据量的快速增长，以及更多训练模式的引入，人工神经网络经过几十年的发展，在人工智能领域发挥着越来越大的作用。

以深度学习为代表的神经网络方法随着求解问题规模的逐渐增大，相较于其他方法在准确率方面越发有优势。如图7-1所示，其他方法改进缓慢，而神经网络方法可使准确率得到较快提升。

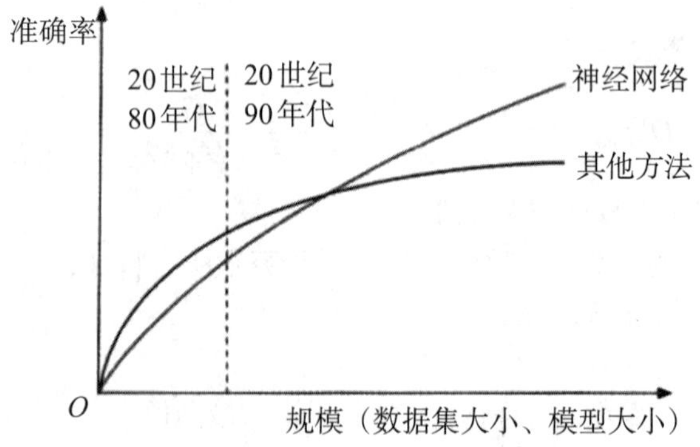

图7-1　神经网络与其他方法比较

（1）深度学习的由来

1986年，MLP（多层感知机）实用形态化的诞生使神经网络的研究再次成为热潮。MLP包含隐层的非线性激活函数和BP算法，具备解决非线性可分问题的能力。2006年，英国计算机专家辛顿和他的学生鲁斯兰提出了深度学习的概念以及深度神经网络的逐层训练算法，真正开启了深度学习时代。后来，CNN（卷积神经网络）和RNN（循环神经网络）相继被提出，深度学习在大数据时代背景下得到了广泛的应用。

（2）深度学习应用的特点

深度学习是通过多层非线性映射将各影响因素分离，不同的影响因素可对应到神经网络中的各个隐层，不同的层在上一层的基础上提取不同的特征，提取的过程就是机器学习的过程。这些特征不由人工定义，直接存储在模型的参数中。总之，深度学习在分层特征表达方面更有优势，并且具有提取全局特征和上下文信息的能力。

（3）深度学习的发展方向

近年来深度学习发展迅速，以深度学习为代表的人工智能在图像识别、语音处理、自然语言处理等领域有了很大突破。深度网络模型在图像分类、目标检测、语义分割、动作识别等应用场景中的预测精度在不断提高。以ILSVRC（ImageNet large scale visual recognition challenge，ImageNet大规模图像识别竞赛）为例，深度网络模型在2015年凭借ResNet深层网络模型首次取得了超越人类的分类能力，错误率仅为3.57%。

深度学习在认知方面进展有限，仍有很多问题没有找到满意的解决方案，这些都是未来深度学习的发展空间。

第一节　卷积神经网络

一、卷积神经网络概述

全连接神经网络每两层神经元之间都有一条链接，因此在实际应用中网络通常采用浅层结构。若简单地通过增加隐层数量来提升网络深度，将会导致“维度灾难”，原因在于各层神经元的全连接会产生大量的网络参数，随着层数的增加，参数将会成倍增长，导致训练难度增加。卷积神经网络（CNN）对此做出了改变，允许两层之间仅有部分神经元相连，有效地减少了网络参数，有利于层数的增加。

（一）感受野

CNN是人工神经网络的一种，最开始是由对猫的视觉皮层的研究发展而来的。视觉皮层的细胞对视觉子空间更敏感，通过子空间的平铺扫描实现对整个视觉空间的感知。研究表明，猫的视觉皮层中一些神经元在感受到一些特定的线条或者明显的边缘线时会产生特别的反应，且只有当直线朝向的角度在一个很小的范围里时才会产生上述现象，这种能够对神经元产生刺激的范围称为神经元的感受野（receptive field）。不同神经元感受野的大小和性质都不同，特定性质的感受野对应视觉图像的特定区域。

1981年，美国神经生物学家戴维·胡贝尔和瑞典裔美国神经生物学家托尔斯滕·维泽尔对人脑的视觉感知机制进行了研究，发现了人脑对视觉信息的处理是分级逐层深入的：在靠近视网膜的低级区域中完成边缘、形状等局部特征的抽取，在靠近大脑皮层的高级区域完成对图像的分类识别。这启发了人们通过增加人工神经网络的深度来模拟人脑，在网络的浅层提取输入的低层特征，然后逐层组合、抽象，在高层提取出具有代表性的特征，最终完成图像识别。

CNN源于日本神经网络专家福岛邦彦于1980年提出的基于感受野的模型——Neocognitron模型。1998年，法国人工智能专家杨立昆等人提出了CNN模型LeNet-5，用于对手写字母进行识别。它基于BP算法对模型进行训练，将感受野理论应用于神经网络。

CNN已经成为深度学习领域的热点，特别是在图像识别和模式分类方面。其优势是具有共享权重的网络结构和局部感知（也称“稀疏连接”）的特点，能够降低神经网络的运算复杂度，减少权重的数量，并可以直接将图像编码作为输入进行特征提取，避免对图像的预处理和显式的特征提取。

（二）CNN应用前景

目前，CNN在图像处理领域已经表现出很好的应用性能，在医学诊断、无人驾驶等场景的应用逐渐发挥出其特有的优势。例如，在苹果病虫诊断的应用中，可以根据苹果叶片的图像，将苹果的健康状态分为几种类别，以此帮助人们对苹果的生长状态进行诊断。此外，临床上还可利用CNN分析人体肝脏等器官的医学图像，识别出图像中隐藏的病变区域，帮助医生进行医学诊断。

二、卷积神经网络的结构

CNN是一种深度的有监督学习的神经网络。它是稀疏的网络结构，在层的数量、分布、每一层卷积核的数量上都会有差异。结构决定了模型运算的效率和预测的精度，理解不同结构的作用和原理有助于设计符合实际的深层网络结构。

卷积层和子采样层是特征提取功能的核心模块。与其他前馈式神经网络类似，CNN采用梯度下降的方法，应用最小化损失函数对网络中各节点的权重参数逐层调节，通过反向递推，不断地调整参数，使得损失函数的结果逐渐变小，从而提升整个网络的特征描绘能力，使CNN分类的精度和准确率不断提高。

CNN的低层是由卷积层和池化层（子采样层）交替组成的，在保持特征不变的情况下减少了维度空间和计算时间；更高层次是全连接层，其输入的是由卷积层和池化层提取到的特征；最后一层是输出层，其承担分类映射，采用逻辑回归、Softmax回归、支持向量机等进行模式分类，也可以直接输出某一结果。

（一）输入层

CNN的输入通常为图像，每幅图像都可以表示成由像素值组成的矩阵。一幅灰度图对应单通道，表示为一个二维矩阵，每个单元通常取值为0～255的一个数，0表示白，255表示黑；一幅RGB彩色图则有三个通道，分别表示红、绿、蓝三种颜色的像素值，每个通道可以表示为矩阵，其中每个单元的范围是0～255。

（二）卷积层

通过卷积层的运算，可以将输入信号在某一特征上加强，从而实现特征的提取，也可以排除干扰因素，降低特征的噪声。

（1）卷积

卷积操作是CNN实现逐层特征提取的重要手段之一。在信号处理中，将两种信号分别用函数形式表示为 $f(x)$ 和 $g(x)$，以*表示卷积运算。当 $f(x)$ 和 $g(x)$ 为连续函数时，其卷积 $h(t)$ 表示如下

$$h(t)=(f*g)(t)=\int_{-\infty}^{+\infty} f \tag{7-1}$$

可见卷积 $h(t)$ 是关于 t 的函数，某一特定 t 对应的卷积值等于无穷区间 $f(x)$ 与 $g(t-x)$ 的乘积的积分。同理，令 $f[m]$ 和 $g[x]$ 为离散函数，它们的卷积 $h[n]$ 等于

$$\begin{aligned} h[n] &= (f*g)[n] \\ &= \sum_{m=-\infty}^{+\infty} f[m]g[n-m] \\ &= \sum_{m=-\infty}^{+\infty} g[m]f[n-m] \end{aligned} \tag{7-2}$$

将上述一维信号的卷积推广到二维情形下，假设对一幅灰度图做卷积运算，该图可以视为一个二维矩阵，第 i 行第 j 列的取值表示图像第 i 行第 j 列的像素值，因此可以用函数 $f(i,j)$ 来表示图像，函数值对应像素值，取值范围为[0，255]。

与 $f(i,j)$ 进行卷积运算的函数通常称为核函数，在二维情形下被称为卷积核，也称“滤波器”。卷积核可以表示为二维矩阵的形式，$g(k,l)$ 表示核函数，$h(i,j)$ 表示卷积结果，则二维情形下的卷积计算表达式如下

$$h(i,j)=(f*g)(i,j)=\sum_{k}\sum_{l}g(k,l)f(i+k,j+l) \tag{7-3}$$

二维卷积计算是离散数值型计算。如图 7-2 所示给出了二维卷积计算的一个实例。一次卷积相当于将卷积核在输入图像上进行平移，卷积核从输入图像的左上开始，将对应值相乘并相加，每平移一个步长就通过上式计算出特征图相应位置上的数值。

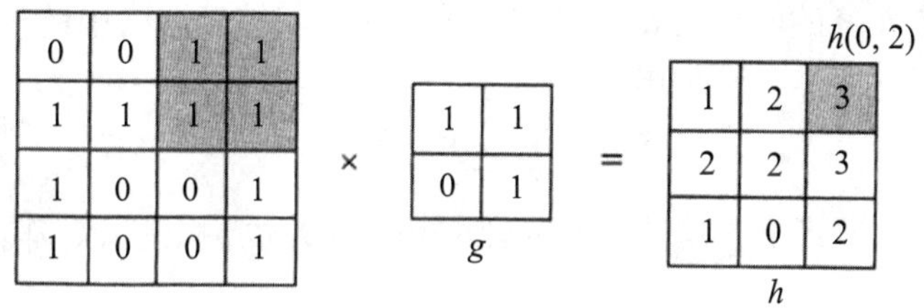

图 7-2　二维卷积计算实例

参照二维卷积计算表达式，特征图中 $h(0,2)$ 的计算如下

$$h(0,2)=g(0,0)f(0,2)+g(0,1)f(0,3)+g(1,0)f(1,2)+g(1,1)f(1,3)=1+1+0+1=3$$

由图 7-2 可知，CNN 某一层特征图中的每一个值，都对应输入图中的某一区域的卷积运算，CNN 中的感受野指特征图上的某一点所对应的输入图像或特征图的相应区域。经过多层卷积，CNN 能够得到不同层次的特征。

在一次卷积中，不同卷积核对图像做卷积得到的特征图不同。卷积核每次平移的步长是超参数，通常取值为 1。卷积核平移步长越大，得到的特征图越小。卷积核的个数即卷积的深度，不同的卷积核对应不同的通道，产生不同的特征图。

（2）填充

图像边缘的像素做卷积的次数较少，即被移动的卷积核覆盖的次数较少，因此会造成对图像边缘的特征提取较少。填充很好地解决了上述问题，更多地抽取了输入图像中的边缘特征。填充方法可分为两种：第一种称为宽卷积，可以使卷积前后的特征图大小不变；第二种称为窄卷积，不进行任何填充，会减小输出特征图的大小。

填充的基本方法是在图像的编码边缘增加用 0 值填充的像素，原始图像的边缘被新的“边缘”替代，由此解决了边缘特征的提取问题。以图 7-2 所示的卷积计算为例，对输入图像编码进行填充后的卷积计算如图 7-3 所示，阴影部分表示填充的部分，输出特征图的编码较大，更好地提取了原始图像边缘的特征。

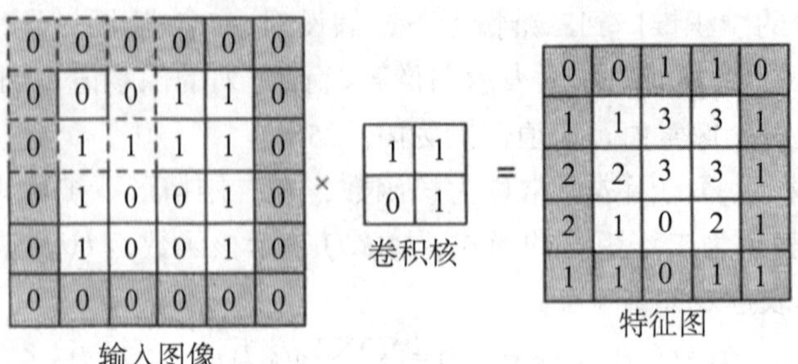

图7-3 填充后的卷积计算

实际应用中各方向填充的0值数不一定相同，通常根据需要设计。

（3）卷积核与权重

卷积核中每一个元素的取值需要通过训练确定，这与神经网络中的权重相对应。卷积层内二维卷积的计算统一成了下述形式

$$\boldsymbol{O}_{i,j}=\sum_{k}\sum_{l}\boldsymbol{W}_{k,l}\boldsymbol{X}_{i+k,j+l}+b \tag{7-4}$$

式中，$\boldsymbol{W}$为权重矩阵，即二维卷积核；$\boldsymbol{X}$为输入矩阵；$\boldsymbol{O}$为卷积输出矩阵。

（4）权重共享

CNN通过权重共享来显著减少卷积层中的网络参数，为网络深度的增加提供可能。权重共享是指输出特征图中的每一个元素值，都对应由同一个卷积核中的权重与不同区域的输入像素值做卷积计算，且一个卷积核仅对应一个偏置。因此，一张特征图仅对应一组权重和一个偏置。假设输入图像尺寸为$H_{\text{in}}\times W_{\text{in}}$，卷积层内卷积核共有$n$个，尺寸统一为$H_k\times W_k$，则该卷积层在权重共享的条件下将包含$H_k\times W_k\times n$个不同的权重和$n$个不同偏置。

目前，大多数CNN的卷积层都采用了权重共享，但在一些特殊的应用场景下，例如人脸图像处理方面，需要更多地关注人脸不同区域中的不同特征，此时采用权重共享反而会影响特征的提取，因此产生了不共享权重的局部卷积，在训练时可能需要更大的计算量，增加的网络参数也需要更多的样本数据来训练。

（5）彩色图卷积

卷积层输入图不仅有灰度图，还有彩色图。上文提到灰度图是二维的图像，每一个像素值代表该像素的灰度。而彩色图则是三维图像，原因在于计算机采用RGB来表示彩色图：世界上任何一种颜色都可以通过一定比例的红（red）、绿（green）、蓝（blue）三种颜色调和而成。一张RGB图中，每一个像素由三种颜色的编码值组成。

采用图像灰度化可以将彩色图转化为灰度图。通常，将灰度图视为RGB的三个通道取值相同的特殊彩色图像。通过特定方法可以将像素在RGB的三个通道上的取值转化为单独的灰度取值。平均值法将RGB的三个值的平均值作为灰度值Gray，转化公式如下

$$Gray=(R+B+G)/3 \tag{7-5}$$

另一种常用的灰度化方法是采用特定的比例将RGB的三个值进行组合，例如

$$Gray=0.3R+0.11B+0.59G$$

彩色图卷积需要把输入（特征）图分别用不同的卷积核进行卷积，得到不同的特征图，

它们的大小是一样的；然后把这些特征图对应位置的编码值相加，得到输出特征图的一个通道编码。

（6）转置卷积

转置卷积可以视为卷积的逆操作。卷积通过逐层提取图像的特征，特征图变得小而多。而转置卷积则相反，它对输入特征图通过上采样等操作，以实现更大的特征图输出。

当输入图像的分辨率较低时，可以通过上采样来提高图片的分辨率。目前已有许多实现上采样的方法，但大都是基于插值的方法，这类方法不利于引入神经网络中进行学习，而转置卷积是一种通过网络学习自适应上采样的方法。

（7）空洞卷积

在一般的卷积操作中，想要扩大感受野通常需要增加特征图尺寸，这将造成网络参数的增加。而采用空洞卷积可以在不增加网络参数的情况下，扩大感受野的范围，使卷积能够提取更大范围的特征信息。

空洞卷积在特征图的各单元之间插入间隔0值，扩大了感受野，因此空洞卷积也称“扩张卷积”。间隔的大小由超参数扩张率决定。如图7-4所示展示了扩张率取不同值时的等效特征图。

Dilation Rate=1

3×3

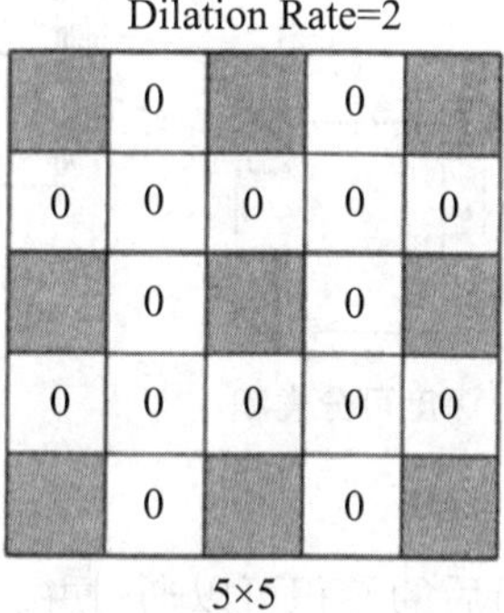

Dilation Rate=3

7×7

图7-4　不同扩张率下的空洞感受野

空洞卷积扩大了感受野，并通过填充实现了在扩大感受野的同时，增大输出特征图的尺寸。扩大后的感受野将有利于获取多尺度的信息，提取的特征更加全局化，能够帮助分析图像中的大物体，也避免了使用下采样造成输入信息损失；但感受野的扩大将不利于网络对小物体的检测和语义分割。

（8）可分离卷积

可分离卷积包含空间可分离卷积和深度可分离卷积两种。其中，空间可分离卷积主要针对某一通道上的二维特征图进行分解，而深度可分离卷积则主要从深度上分解特征图。

空间可分离卷积将一次卷积分割为两个单独的运算，并确保结果一致。如下面公式中一个3×3的卷积核等价为一个3×1和一个1×3的小卷积核：

$$\begin{pmatrix}1 & -2 & -1\\2 & -4 & -2\\1 & -2 & -1\end{pmatrix}=\begin{pmatrix}1\\2\\1\end{pmatrix}\times\begin{pmatrix}1 & -2 & -1\end{pmatrix}$$

经过上述卷积核分解后，卷积计算将分两次进行，首先是使用3×1的卷积核做卷积，然后将得到的中间特征图用1×3的卷积核做卷积，最终得到的特征图与未分解前的卷积结果相同。当一个3×3的卷积核对一个5×5的输入特征图做卷积时（假设步长为1），共包含9个权重，需要81次乘法计算。而将卷积核按空间可分离卷积方法分解后，仅包含6个权重，需要72次乘法计算。

深度可分卷积最早被用于构造Xception网络的基本卷积单元。如图7-5所示，它通常由两种卷积组成：首先执行depthwise卷积，将特征图按通道划分，每个通道对应不同的卷积核，输出的特征图通道与输入的特征图通道相同；随后通过pointwise卷积整合所有通道的信息，采用多个1×1卷积核，核深度与特征通道数相同。可见，上述两次卷积过程本质上是对一个普通卷积在深度上的分解。

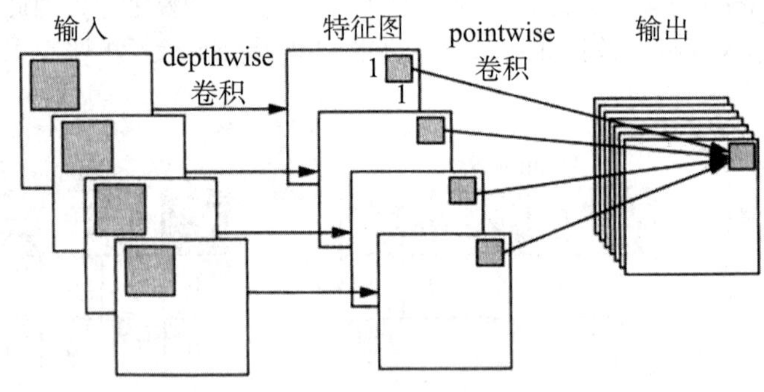

图7-5　深度可分卷积

（9）分组卷积

分组卷积最早用于AlexNet网络。分组后的卷积可以通过并行加速计算，并显著地减少网络参数。分组所分的对象为特征图的通道。图7-6展示了普通卷积与分组卷积的区别。

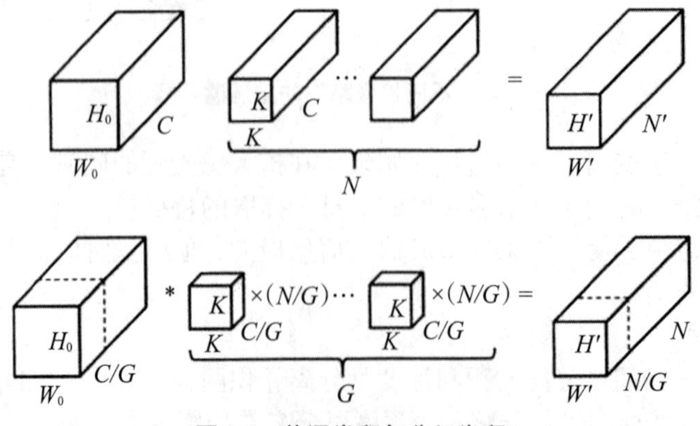

图7-6　普通卷积与分组卷积

假设输入特征图尺寸为 $H_0\times W_0\times C$ ，原始卷积核个数为N，一个卷积核的尺寸为 $K\times K\times C$ ，则卷积后输出特征图尺寸为 $H'\times W'\times N$ 。若采用分组卷积，设分组数为G，则输入特征图将按通道分组，每组特征图尺寸为 $H_0 \times W_0 \times (C/G)$ 。相应地，每组输入对应 (N/G) 个卷积核，卷积核尺寸变为 $K \times K \times (C/G)$ 。各组的卷积核仅与同组的输入特征图进行卷积，因此，卷积输出依然为 $H_0 \times W_0 \times N$ ，但总参数由原来的 $K \times K \times C \times N$ 变为 $K \times K \times (C/G) \times N$ ，缩小到原来的1/G。

（10）卷积层的输出计算

在二维卷积计算中，输入与输出特征图的尺寸存在一定的关系，可以描述为下述公式

$$n_{\text{out}} = \left\lfloor \frac{n_{\text{in}} + 2p - k}{s} + 1 \right\rfloor \tag{7-6}$$

如果卷积核采用对称编码，式中， n_{out} 为输出特征图的大小， n_{in} 为输入特征图的大小；$2p$ 为填充增加的维度；k 为卷积核的大小；s 为步长。如果卷积核的编码是非对称的，可分别利用上述公式对输出特征图的高度和宽度进行计算。

当要求 $n_{\text{out}} = n_{\text{in}}$ ，即输出与输入特征图的尺寸相同时，可以由上述公式得到卷积核大小 k 与填充数 $2p$ 的关系：$2p=k-1$（假设 s=1）。

将上述二维的情况扩展到三维，采用 n 个卷积核对一幅三维图像做卷积运算时满足

$$[H_{\text{out}}, W_{\text{out}}, C_{\text{out}}] = \left[\left\lfloor \frac{H_{\text{in}} + 2p - k}{s} + 1 \right\rfloor, \left\lfloor \frac{W_{\text{in}} + 2p - k}{s} + 1 \right\rfloor, n_k\right] \tag{7-7}$$

式中， H_{out}， W_{out}， H_{in}， W_{in}， C_{out} 分别为输出和输入特征图的高、宽和通道数。由上式可见，三维情况下输出特征图的高和宽的计算与二维情况类似，而通道数则由卷积核的个数决定。

（三）激活函数

输入特征图经过卷积层后，需要输入给激活函数，进行非线性变换得到激活输出。以二维输入为例，令 $\boldsymbol{A}$ 为激活矩阵；ReLU为激活函数；$\boldsymbol{O}$ 为卷积输出矩阵；$\boldsymbol{W}$ 为卷积核；$\boldsymbol{X}$ 为输入，关于 $\boldsymbol{A}$ 中激活值 $A_{i,j}$ 的计算如下式。CNN将A作为下一层的输入进行前向传递。

$$A_{i,j} = \text{ReLU}\left(O_{i,j}\right) = \text{ReLU}\left(\sum_k \sum_l W_{k,l} X_{i+k,j+l} + b\right) \tag{7-8}$$

常见CNN的激活函数有Sigmoid、Tanh、ReLU函数等。引入ReLU层的主要目标是解决线性函数表达能力不足的问题，整流层作为神经网络的激活函数可以在不改变卷积层的情况下增强整个网络的非线性特性，不改变模型的泛化能力的同时提升训练速度。整流层的函数有以下几种形式。

$$f(x) = \max(0, x) \tag{7-9}$$

$$f(x) = \tanh(x) \tag{7-10}$$

$$f(x) = |\tanh(x)| \tag{7-11}$$

$$f(x) = (1 + e^{-x})^{-1} \tag{7-12}$$

其中，式（7-12）是Sigmoid函数，它是传统的神经网络激活函数，将输出压缩在0～1，这样就可以用于分类的操作。但在梯度下降中，容易出现梯度消失，导致梯度传递终止。目前主要使用ReLU函数作为激活函数，即式（1），其优点是收敛很快，并且计算成本低。研究

表明，生物神经元的信息编码是比较分散和稀疏的，并且可更加有效地进行梯度下降和反向传播，可以避免梯度消失的问题，同时活跃度的分散性使得网络的运算成本较低。

（四）权重初始化

用小的随机数据来初始化各神经元的权重，以打破对称性。而当使用Sigmoid激活函数时，如果权重初始化得较大或较小，训练过程容易出现梯度饱和、梯度消失的问题。可以采用Xavier初始化来解决这一问题。如果要在ReLU激活函数上使用，最好使用He初始化；或者应用数据库优化技术来初始化，其思想是在线性变化和非线性激活函数之间，对数值做一次高斯归一化和线性变化。此外，由于内存管理是在字节级别上进行的，因此把参数值设为2的幂比较合适（如64、128等）。

（五）池化层

池化层是一种下采样的形式，在神经网络中也称“子采样层”。池化有以下主要功能：一是能够缩小输入特征图的维度，但保留最重要的信息，使参数数量和运算量减少，在一定程度上可以避免过拟合；二是增强网络对输入图像中的微小变化的稳健性。输入图像的微小变化可能不会改变池化输出，因为池化主要提取局部的主要特征。

池化与卷积操作类似，它通过在输入特征图上逐步移动池化核，采用设定的池化方法对池化核覆盖的单元值进行池化，进而得到输出特征图。池化后的特征图大小的计算方法与卷积操作的类似。实际应用中，一般使用最大池化将特征区域中的最大值作为新的抽象区域的值，以减少数据的空间大小。

图7-7（a）和图7-7（b）分别是原始图像和由像素值表征的新图像，其中用数字的大小表示色彩的深浅。一般情况下会将图片变成灰度图，所以数值取值范围为[0，255]。这些小的像素块形成了最基本的CNN的输入层。通过对图7-7（b）进行池化操作，可以提取到图像在更高维度上的特征，或者对其进行变形、裁剪等操作，在保留各像素间的关联关系的同时，去除冗余噪声。

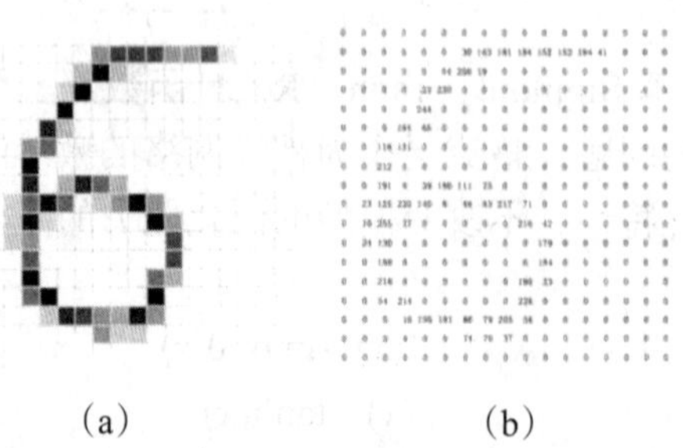

（a）　　　　　　（b）

图7-7　图像数字化处理

池化的结果是特征减少，参数减少，但其目的并不仅在于此。为了保持某种不变性（旋转、平移、伸缩等），常用的池化方法有平均池化、最大池化和随机池化等。

在图像特征提取过程中存在误差，例如由于邻域大小受限造成的估计值方差增大，这种情况可采用平均池化方法，通过取平均值的方式减少误差，其特点是更多地保留图的背景信息和全局特征；由于卷积层参数误差造成估计均值的偏移，可采用最大池化减小误差。最大池化更多地突出图的纹理特征和局部特征；随机池化则介于两者之间，通过对像素按照数值大小赋予概率，再按照概率进行采样。与最大池化相比，随机池化并非一定取最大值，可以看作一种正则化方式。

平均池化和最大池化的过程如图7-8所示，其理论基础是特征的相对位置比具体的实际数值或位置更加重要，所以是否应用池化层需要依照实际的需要进行分析，否则会影响模型的精度。图7-8中左图平均池化采用的池化核大小为2×2，步长为2。平均池化从输入图像的左上角开始，将一个池化核大小范围内的输入像素值进行累加并取平均，得到输出特征图中的相应位置的一个值，随后移动一个步长，重复上述计算直到结束。最大池化与平均池化的区别就在于，最大池化取池化区域中的最大像素值作为输出，可见它主要保留图像中较突出的特征信息。

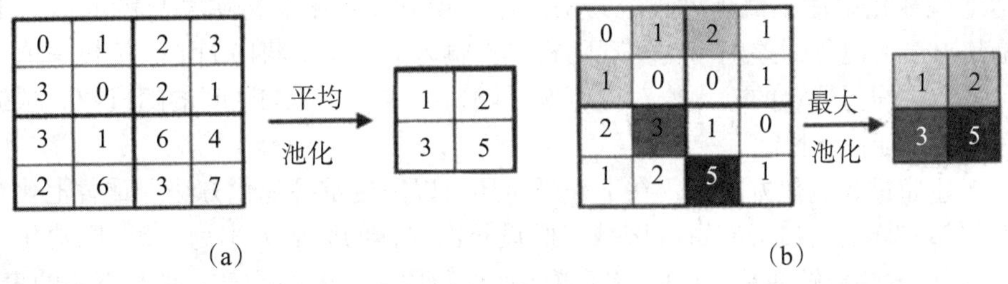

图7-8　平均池化和最大池化

广义均值池化于2017年被提出，它给池化层加入了可学习的参数，是介于平均池化和最大池化之间的一种方法。若以 O_k 表示池化输出中的第 k 个值，$\boldsymbol{X}_k$ 表示 O_k 对应的输入值组成的向量，$|\boldsymbol{X}_k|$ 表示向量的元素数，则广义均值池化可以表示为

$$O_k=\left(\frac{1}{|\boldsymbol{X}_k|}\sum_{x\in\boldsymbol{X}_k}x^{p_k}\right)^{\frac{1}{p_k}}$$

全局平均池化是将某一通道的所有特征点求和后取平均值，形成一个新的特征值，如图7-9所示。它可用于替代（去除）最后的全连接层，用全局平均池化层（将图像尺寸变为1×1）来取代，可以避免网络层数较深时，采用全连接引起的过拟合，导致泛化程度降低。

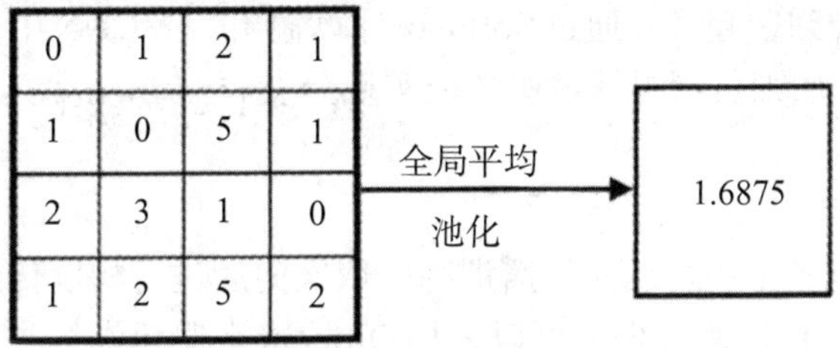

图7-9　全局平均池化

随机池化于2013年被提出，其核心思想是按照一个池化窗口对应的概率矩阵随机从窗口中选出一个输入值作为该窗口的池化输出，输入值越大则对应的概率值越大，被选中的可能性越大。如图7-10所示，以一个窗口的池化操作为例，随机池化首先计算窗口内各输入值的总和，并将各输入值除以总和作为对应的概率值，形成该窗口对应的概率矩阵；然后依据概率矩阵从输入中选出一个值作为输出。

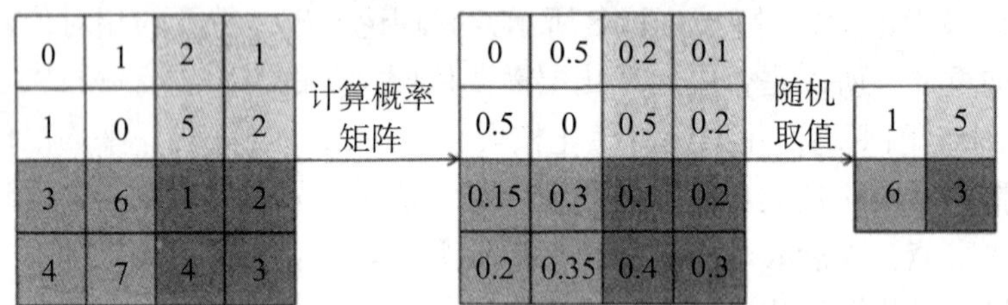

图7-10　随机池化示例，池化窗口2×2，步长2

虽然随机池化中输入值越大越容易被选中，但它并不限制每次都只能取窗口中的最大值，这是其与最大池化的差别。在实现随机选择输入时，可以将[0,1]区间按概率值划分为多个区间，每个区间与特定的输入值对应，然后随机生成一个[0,1]区间的随机数，根据随机数所在区间来实现随机选择。

除了上述非重叠池化方法外，在下采样时还可以采用重叠池化方法。重叠池化在下采样时，两次相邻采样的窗口会有重叠区域。假设每次采样的区域大小为$k \times k$，则池化的步长小于k。重叠池化方法能够使采样后的特征更多地保留原特征图的信息，具有更强的表达能力。

空间金字塔池化（SPP）通过把图像不同尺寸的卷积特征转化成相同尺寸的特征向量，使得CNN可以处理任意尺寸的图像，模型更加灵活，还能避免对图像进行裁剪和变形，减少了图像特征的丢失。空间金字塔池化的过程是首先对图像进行划分，分别切分为4×4、2×2、1×1三种块大小，总共有21块区域；然后对这21块区域进行最大池化，就得到了一个固定21维的特征，不同尺寸的图像都将生成21个图像块，从而实现CNN灵活处理任意大小的图像。

（六）全连接层

全连接层中，上一层的每一个神经元和该层的每一个神经元相互连接。在网络的深层采用全连接的主要原因在于，卷积层得到的特征图代表输入信号的一种特征，而它的层数越高表示这一特征越抽象。为了综合低层的各个卷积层特征，学习特征间的非线性组合，采用全连接层将这些特征结合到一起，并通过Softmax计算输出。在CNN中，卷积和池化负责提取图像的特征，而全连接层则负责根据这些特征实现分类。

（七）输出层

输出层的另一项任务是进行反向传播训练，依次向后进行梯度传递，计算相应的损失函数，并重新更新权重。在训练过程中可以采用Dropout来避免训练过程产生过拟合。输出层的结构与传统神经网络结构相似，是基于上一全连接层的结果进行类别判定。

三、卷积神经网络的训练

（一）训练步骤

基于BP算法训练CNN的过程可以总结为以下步骤。

（1）初始化

对网络中各层卷积核的取值和神经元的偏置做随机初始化，通常采用均值为0的高斯分布初始化权重，用0初始化偏置。

（2）前向传播

将训练集中的图像读入并转化为编码，并做预处理，执行前向步骤，即卷积、池化、全连接和输出，得到各类别对应的输出概率。

（3）误差计算

设计合适的损失函数，对于分类问题通常采用交叉熵作为损失函数。

（4）反向传播

计算误差相对于所有网络参数的梯度，利用梯度下降法更新所有参数的值，使损失函数趋于极小。在网络训练中，卷积核个数、卷积核尺寸、网络结构相关参数等属于超参数，这些参数在网络优化时可以人工调整，一般不通过训练改变。只有卷积核和偏置能够通过梯度下降法学习更新。

（二）CNN的超参数调优

CNN中的超参数可以分为两类：一是与网络结构相关的卷积核个数和尺寸、卷积方式、网络深度、激活函数等，二是与网络训练相关的学习率、优化器参数、损失函数的参数、批样本数量、丢弃率、权重衰减系数等。

（1）优化器

在神经网络训练中，优化器负责将误差向后传递，更新网络参数。不同的优化器采用不同的优化规则。目前较常用的是使用Adam算法学习率更新，并在权重更新中引入冲量项等。这些更新规则既可以防止网络训练振荡，也可以使模型逃离鞍点，加快模型训练速度。

（2）学习率

学习率选择过小，网络收敛速度较慢；学习率选择过大，网络收敛会在极值点附近振荡。最优的学习率往往会在训练过程中发生动态变化，因此依然需要设计好学习率的更新算法。一个好的学习率更新规则，不仅能够避免模型陷入鞍点、加速模型的训练，而且能够使模型达到更高的精度。

对于不同的优化器，应注意训练时选择合适的初始学习率。表7-1提供了学习率初始化的推荐范围。

对学习率调整通常采用衰减策略，目前常见的方法包括分段设置学习率法、指数衰减、多项式衰减、逆时衰减、余弦衰减等。

表 7-1 优化器的学习率初始化推荐范围

学习率优化器	学习率初始化推荐范围
SGD	$[10^{-2},10^{-1}]$
Momentum	$[10^{-3},10^{-2}]$
AdaGrad	$[10^{-3},10^{-2}]$
AdaDelta	$[10^{-2},10^{-1}]$
RMSPror	$[10^{-3},10^{-2}]$
Adam	$[10^{-3},10^{-2}]$

（3）损失函数选取

除神经网络中常用的均方差误差、交叉熵等损失函数外，CNN 模型训练还可选取下述损失函数。

相对熵，也称“KL 散度”，用于对两个随机变量分布的差异进行量化。假设样本均服从分布 $p(x)$，模型拟合分布为 $q(x)$，两者之间的差距表示为 $D_{KL}(p\|q)$：

$$D_{KL}(p\|q)=\sum_{i=1}^{n}p(x_i)\log_2\left(\frac{p(x_i)}{q(x_i)}\right)=\sum_{i=1}^{n}p(x_i)\log_2(p(x_i))-\sum_{i=1}^{n}p(x_i)\log_2(q(x_i)) \tag{7-13}$$

式（7-13）经过拆分后，前者为负的离散熵，后者为交叉熵，因此亦可化为

$$D_{KL}(p\|q)=-H(x)-\sum_{i=1}^{n}p(x_i)\log_2(q(x_i)) \tag{7-14}$$

（三）网络参数量压缩

对网络参数量进行压缩能够有效减小 CNN 模型的体积，有利于模型在移动、嵌入式设备上的部署应用。下述是目前常用的减少参数量的方法。

（1）在卷积层后采用池化操作。

（2）采用较少的 1×1 卷积核。

（3）通过堆叠小卷积核代替采用大卷积核，不仅可减少参数量，而且可保证卷积层具有同样的感受野。

（4）采用可分离卷积。

（四）网络训练过拟合

训练集过小或是采用了过于复杂的模型，都会导致过拟合问题的出现。数据增强指基于现有数据集，对图像做特定的随机变换以生成多种可信图像，包括图像旋转、特定方向的拉伸、图像缩放、图像剪裁、改变视角、遮挡、马赛克数据增强等，以此增加训练图像。此外，数据质量问题也可能导致模型过拟合。

采用 L_1/L_2 正则化、Early Stopping（早停法）、Dropout、批标准化等方法也可以有效地

减少模型过拟合。当采用Dropout时，通常在全连接层使用，丢弃率设置在[0,0.5]区间。当采用批标准化时，可以不采用Dropout。

（五）迁移学习

CNN的迁移学习是利用在一个问题上训练好的模型，通常称为预训练模型。而在另一个问题中进行网络微调，只需训练模型中少数层的参数，通过简单的参数调整就可以使其适用于另一个新的问题。用于迁移的预训练模型通常已经在高质量的大数据集上完成训练，将其迁移到新问题中帮助减少模型训练的时间，尤其是在新问题的训练数据量不足时尽可能地保证模型的预测精度。

目前常用的微调方式有两种：第一种是对网络全连接层和输出层做修改，这些层可以设置较高的学习率，而其他卷积层设置较低的学习率，整个网络同时进行训练；第二种是先训练靠近输出层的少数几层参数，在训练多个周期后，再对整个网络的参数进行训练。采用哪种方式主要取决于新问题的相似性以及新样本的数量。

四、常见卷积神经网络

CNN发展至今，大量CNN结构被公开，如LeNet、AlexNet、VGG、GoogLeNet、ResNet、ResNetXt、DenseNet、MobileNet、ShuffleNet等网络。根据这些网络最初被设计的用途，可分为典型卷积神经网络、轻量型卷积神经网络等。

（一）典型卷积神经网络

典型卷积神经网络指主要用于图像分类任务的CNN模型。图像分类是CNN最初的研究领域，也是相对较简单的一种学习任务。

（1）LeNet网络

LeNet网络由杨立昆于1998年提出，是较早出现的CNN。LeNet被成功应用于手写数字识别任务，在MNIST数据集上的测试错误率低于1%。MNIST是由美国国家标准与技术研究所统计的手写数字图像数据集，其中包含了0～9的手写数字，由6万张训练集图像和1万张测试集图像组成。图像的尺寸均为28×28。在LeNet实现了对手写数字识别的突破之后，各类卷积神经网络模型不断涌现。如图7-11（a）所示为LeNet网络结构。

LeNet网络的各层说明如下。

① 输入层

输入层的图像一般要比原始图像大一些，间接对原始图像进行缩小，使笔画连接点和拐角等图像特征处于感受野的中心。实际的数据图像的大小为28×28，输入层采用了填充，因此实际输入层的大小为32×32，这样可以使更高层的卷积层（如C3）依然可以提取到数据的核心特征。

② 卷积层

LeNet中的卷积层有3个，分别是C1、C3和C5。其中，C1输入大小为32×32，采用6个不同的卷积核，卷积核大小为5×5，步长为1。经过卷积运算，C1共输出6张特征图，特征图的大小为28×28，即32−5+1=28。特征图中的每个神经元对应5×5个连接，该层神经元的数量为28×28×6，因此，C1层总连接数为(5×5+1)×28×28×6=122 304。基于卷积层的权重共享，这一层的待训练参数数量为6×(5×5+1)=156，其中的1表示每个卷积核有一个偏置，可见经过卷积模型参数数量大幅减少。

C3层输入为6个14×14的特征图，采用的卷积核尺寸为5×5，步长为1，因此输出特征图尺寸为10×10。C3包含16个卷积核，对应产生16个特征图输出。每个输出特征图对应的输入特征图不同，具体的对应关系如图7-11（b）所示。以第0个输出特征图为例，它对应第0、1、2个输入特征图，卷积核对应通道为3，不同通道的权重不共享，因此该输出特征图对应5×5×3+1=76个参数。总参数为(5×5×3+1)×6+(5×5×4+1)×9+(5×5×6+1)×1=1 516，总连接数为10×10×1516=151 600。

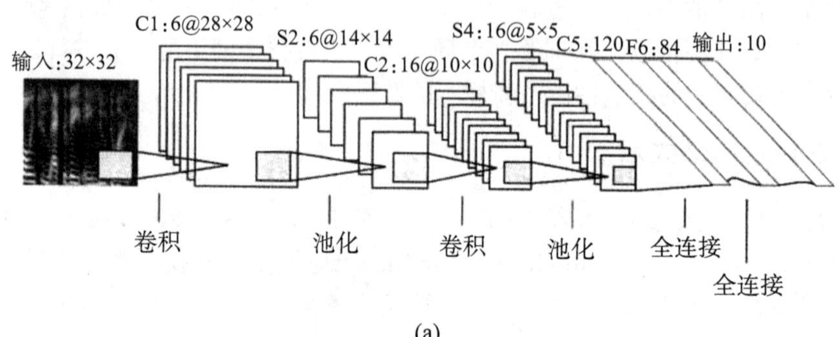

(a)

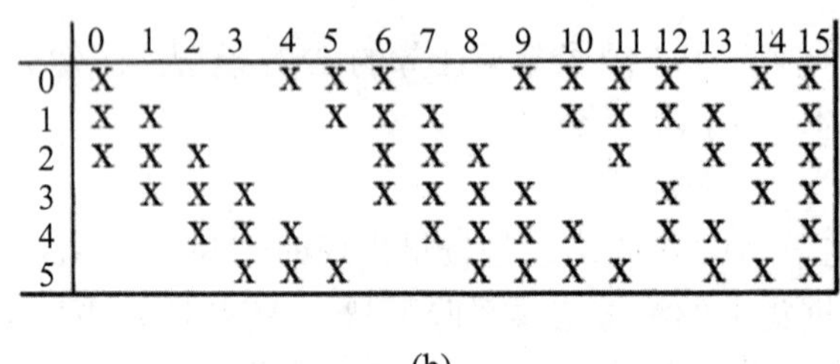

	0	1	2	3	4	5	6	7	8	9	10	11	12	13	14	15
0	X				X	X	X			X	X	X	X		X	X
1	X	X				X	X	X			X	X	X	X		X
2	X	X	X				X	X	X			X		X	X	X
3		X	X	X			X	X	X	X			X		X	X
4			X	X	X			X	X	X	X		X	X		X
5				X	X	X			X	X	X	X		X	X	X

(b)

图7-11　LeNet网络各层示意图

③ 池化层

池化层有2个，分别是S2（6个14×14的特征图）和S4（16个5×5的特征图）。其中，S2采用了6个大小为2×2的池化核，步长为2，因此输出为14×14×6。特征图中的每个单元对应输入图的一个单独的2×2区域，且区域之间不重叠。S2采用最大池化方法，共包含(1+1)×6=12个参数，总连接数为(2×2+1)×14×14×6=5 880。

S4采用16个大小为2×2的池化核，步长为2，池化得到16个5×5的特征图。S4采用最大池化，总参数为(1+1)×16=32，总连接数为(2×2+1)×5×5×16=2 000个。

池化方法需要根据池化层在网络中所处的位置来决定。卷积层之间一般用最大池化，最大池化将特征区域中的最大值作为新的抽象区域的值，以减小数据的空间大小，同时也就减少了模型复杂度（参数数量）和运算量，一定程度上可以避免过拟合，也可以强化图像中相对位置等显著特征。

④ 全连接层

全连接层之间可以视为1×1的卷积，它计算输入向量和权重向量的点积，然后应用Sigmoid激活函数输出单元状态。

C5的输入为16张5×5的特征图，将其“拉伸”后可视为一个长度为16×25=400的向量，该向量每一个元素与C5中120个神经元全连接，每个神经元对应一个偏置，共包含120×(400+1)=48 120个参数；同理F6全连接层的输出为84，而输入为120，加上1个偏置，可训练的参数为84×(120+1)=10 164个。

⑤ 输出层

输出层基于全连接层的结果进行判别，采用RBF（径向基函数）对输入进行处理，每个径向基单元输出为

$$y_i = \sum_j (x_j - w_{ij})^2 \tag{7-15}$$

通过计算输入向量和参数向量之间的欧氏距离作为损失函数，距离越大，损失越大。该层输出类别为10个，输出值分别表示数字0～9的概率，每个类别对应84个输入，可训练参数头84×10=840个。输出层的另一项任务是进行反向传播，依次向后进行梯度传递，计算相应的损失函数，使全连接层的输出与参数向量距离最小。

综上，LeNet包含完整的神经网络结构，在网络中主要执行了卷积、非线性激活、池化、分类（全连接）四种操作，在网络的浅层主要提取图像的纹理、颜色等局部特征，在深层则提取图像的轮廓、类别等抽象特征。

以下是基于TensorFlow实现的LeNet网络结构代码，其中具体的网络结构及参数配置对应图7-11。池化操作采用最大池化，激活函数采用ReLU函数。

```
    def LeNet(x):
    #C1:卷积层。输入=32×32×1,输出=28×28×6
    Conv1 w=tf.Variable(tf.truncated_normal(shape=[5, 5, 1, 6],mean =m, stddev =
sigma))
    conv1 b=tf.Variable(tf.zeros(6))
    conv1=tf.nn.conv2d(x,conv1_w,strides=[1,1,1,1],padding ='VALID')+conv1_k
    conv1 =tf.nn.relu(conv1)
    #S2:池化层。输入=28×28×6,输出=14×14×6
    pool 1=tf.nn.max pool(conv1, ksize=[1, 2, 2, 1], strides=[1, 2, 2, 1], padding =
'VALID')
    #C3:卷积层。输入=14×14×6,输出=10×10×16
    conv2 w=tf.Variable(tf.truncated_normal(shape=[5, 5, 6, 16], mean=m, stddev=
sigma))
    conv2 b=tf.Variable(tf.zeros(16))
    conv2=tf.nn.conv2d(pool 1, conv2w, strides=[1, 1, 1, 1], padding ='VALID') +
```

```
conv2_b
    conv2 =tf.nn.relu(conv2)
    #S4:池化层。输入=10×10×16,输出=5×5×16
    pool_2=tf.nn.max_pool(conv2,ksize=[1,2,2,1],strides =[1,2,2,1],padding =
'VALID')
    fcl=flatten(pool 2)#压缩成1维,输入=5×5×16,输出=1×400
    #C5:全连接层。输入=400,输出=120
    fcl w=tf.Variable(tf.truncated normal(shape =(400,120),mean =m,stddev =sig-
ma))
    fcl b=tf.Variable(tf.zeros(120))
    fcl =tf.matmul(fcl,fcl_w)+fcl_b
    fcl =tf.nn.relu(fcl)
    #F6:全连接层。输入=120,输出=84
    fc2 w=tf.Variable(tf.truncatednormal(shape=(120,84),mean=m,stddev=sigma))
    fc2 b=tf.Variable(tf.zeros(84))
    fc2 =tf.matmul(fcl, fc2_w)+fc2_b
    fc2 =tf.nn.relu(fc2)
    #输出层。输入=84, 输出=10
    fc3 w=tf.Variable(tf.truncated_normal(shape=(84, 10), mean=m,
stddev=sigma))
    fc3 b =tf.Variable(tf.zeros(10))
    logits =tf.matmul(fc2, fc3_w)+fc3_breturn logits
```

代码采用tftuncated normal（shape，mean，stddev）方法截断正态分布中的输出随机值，其中shape表示生成张量的维度，mean是均值，stddev是标准差。如果产生正态分布的值与均值的差值大于两倍标准差，就重新生成，这样可保证生成的值都在均值附近。

LeNet网络构造完成之后，以交叉熵函数作为损失函数，并采用Adam策略自动优化学习率，具体过程如下代码所示。

```
    rate =0.001
    logits =LeNet(x)
    cross_entropy =tf.nn.softmax_cross_entropy_with_logits(logits,one_hot_y)
    loss operation =tf.reduce_mean(cross_entropy)
    optimizer =tf.train.Adamoptimizer(learning_rate =rate)
    training operation =optimizer.minimize(loss_operation)
```

（2）AlexNet网络

AlexNet是较早的深度神经网络，是由加拿大计算机科学家亚历克斯等人在2012年的ImageNet比赛中提出的一种CNN，他们以此模型拿到了比赛冠军。它证明了CNN在复杂模型下的有效性，使用GPU训练可在可接受的时间范围内得到结果，推动了有监督深度学习的发展。

AlexNet网络结构如图7-12所示，包括8个带权层，前5层是卷积层，剩下3层是全连接层。最后一个全连接层使用Softmax激活函数，其产生一个覆盖1 000类标签的分布。

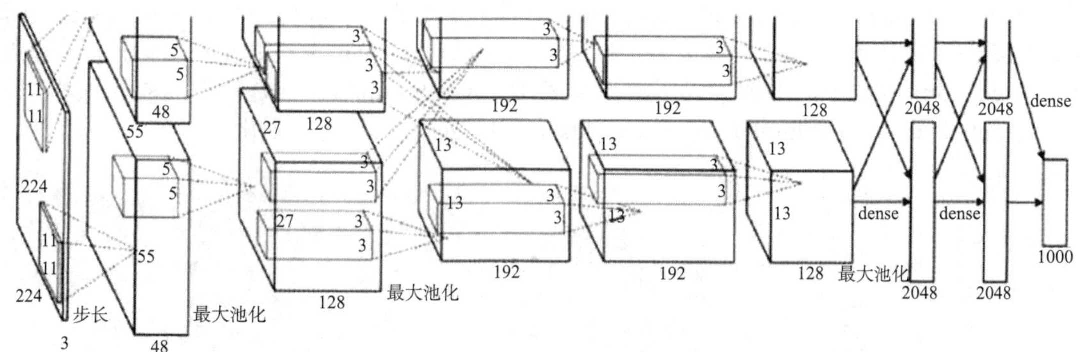

图7-12 AlexNet网络结构

第1个卷积层利用96个（两个GPU各48个）大小为11×11×3、步长为4个像素的卷积核对大小为224×224×3的输入图像进行卷积。在AlexNet网络中，输入图像被预处理成227×227×3，作为第1个卷积层的输入。该层卷积在各GPU上并行计算，输出为两组55×55×48的特征图每个输出值将经过ReLU非线性处理和局部响应归一化。随后采用最大池化对两组特征图下采样，池化核尺寸为3×3×48，步长为2，输出两组27×27×48的特征图。

第2个卷积层对第1个卷积层的输出执行填充，在特征图的周围填充2个像素，形成两组31×31×48的输入。每组输入采用128个大小为5×5×48的核进行滤波，步长为1，得到两组27×27×128的特征图，并同样采用ReLU激活和局部响应归一化。池化层采用最大池化，核的尺寸为3×3×128，步长为2，得到两组13×13×128的输出。

第3、第4和第5个卷积层顺序连接，没有中间的池化层。第3个卷积层在第2层的输出特征图周围填充1个像素，形成两组15×15×128的输入。与前两个卷积层不同的是，该层将采用同一组192个大小为3×3×128的卷积核做卷积，步长为1。得到的特征图为两组13×13×192的输出，分别存储在两个GPU上，作为第4个卷积层的输入；第4个卷积层采用两组192个大小为3×3×192的核进行卷积，得到与第3层同样的输出尺寸；第5个卷积层同样采用1个像素填充，卷积核大小为3×3×192，分为两组各128个，步长为1。由此得到两组13×13×128的输出特征图，分别进行激活和最大池化。池化核大小为3×3×128，步长为2，池化结果为两组6×6×128的特征图。这两组特征图将被延展为一个9 216维的向量，作为下一层全连接层的输入。

第1、第2个全连接层均包含4 096个神经元，且都采用Dropout实现正则化。最后一个全连接层为输出层，包含1 000个神经元，采用Softmax函数处理，最终输出1 000个类别的概率值。

综上，AlexNet的网络设计的特点可总结如下：第2、4、5个卷积层的核只连接到同一个GPU上的前一个卷积层，第3个卷积层的核连接到第2个卷积层中的所有核映射上，并且将两个GPU的通道进行合并；全连接层中的神经元被连接到前一层中所有的神经元上，其中第1个全连接层需要处理通道合并（两个GPU）；AlexNet最后的输出类目是1000个，因此其输出为1000。

AlexNet在TensorFlow官方的示例代码如下，其中采用slim第三方库对代码进行“瘦身”slim.conv2d( )方法前几个参数依次为网络的输入、输出的通道数、卷积核大小、卷积步长。此外，padding是补零的方式；activation_fn是激活函数，默认是ReLU；normalizer_fn是正则化函数，默认为None，可以设置为批正则化，即slim.batch_norm；normalizer_params是slim.batch_norm函数中的参数，以字典形式表示；weights_initializer是权重的初始化器，可以设为initializers.xavier_initializer( )；weights_regularizer是权重的正则化器。

```
    with tf.variable_scope(scope,'alexnet_v2',[inputs])as sc:
    end_points_collection =sc.original_name scope +'end points'
    with slim.arg_scope([slim.conv2d,slim.fully_connected,slim.max pool2d],
    outputs_collections=[end_points_collection]):
    net =slim.conv2d(inputs,64,[11,11],4,padding='VALID',scope='conv1')
    net =slim.max-pool2d(net,[3,3],2,scope='pool1')
    net =slim.conv2d(net,192,[5,5],scope='conv2')
    net =slim.max pool2d(net,[3,3],2,scope='pool2')
    net =slim.conv2d(net,384,[3,3],scope='conv3')
    net =slim.conv2d(net,384,[3,3],scope='conv4')
    net =slim.conv2d(net,256,[3,3],scope='conv5')
    net =slim.max_pool2d(net,[3,3],2,scope='pool5')
    withslim.arg_scope([slim.conv2d],weights initializer=trunc_normal(0.005),
                      biases initializer=tf.constant initializer(0.1)):
    net =slim.conv2d(net,4096,[5,5],padding='VALID',scope='fc6')
    net =slim.dropout(net,dropout_keep_prob,is_training=is_training,scope=
'dropout6')net =slim.conv2d(net,4096,[1,1],scope='fc7')
    end_points =slim.utils.convert collection to dict(end points_collection)
    net=slim.dropout(net, dropout  keep_prob, is_training=is-training, scope=
'dropout7')
    net =slim.conv2d(net,num_classes,[1,1],
                    activation_fn=None,
                    normalizer_fn=None,
                    biases_initializer=tf.zeros_initializer(),
                    scope='fc8')
    net =tf.squeeze(net,[1,2],name='fc8/squeezed')
    end_points[sc.name +'/fc8']=net
return net,end_points
```

slim.max_pool2d( )方法是对网络执行最大池化，第2个参数为核大小，第3个参数是步长；slim.arg_scope可以定义一些函数的默认参数值，在scope内，如果要重复用到这些函数，可以不用把所有参数都写一遍，可以用list来同时定义多个函数相同的默认参数。在上述代码中，使用一个slim.arg_scope实现共享权重初始化器和偏置初始化器。

AlexNet能够取得成功的原因如下。

① 采用非线性激活函数ReLU。

Tanh和Sigmoid函数在输入非常大或者非常小时，输出结果变化不大，容易饱和。这类非线性函数随着网络层次的增加引起梯度消失现象，即顶层误差较大；逐层递减误差传递过程中，低层误差很小，导致深度网络底层权重更新量很小，使深层网络出现局部最优。ReLU为扭曲线性函数，不仅比饱和函数训练得快，而且保留了非线性的表达能力，可以训练更深层的网络。

② 采用数据增强和Dropout防止过拟合。

数据增强是采用图像平移和翻转来生成更多的训练图像，从256×256的图像中提取随机的224×224的碎片，并在这些提取的碎片上训练网络，这就是输入图像是224×224×3维的原因。数据增强扩大了训练集规模，达到2 048（32×32×2=2 048）倍。此外，调整图像的RGB像素值，在整个ImageNet训练集的RGB像素值集合中执行PCA，通过对每个训练图像，增加已有主成分RGB值，在不改变对象核心特征的基础上，增加光照强度和颜色变化的因素，间接增加训练集数量。

Dropout以0.5的概率将每个隐层神经元的输出设置为0，使这些神经元既不参与前向传播，也不参与反向传播，只在被选中参与连接的节点上进行正向和反向传播。神经网络在输入数据时会尝试不同的结构，但是结构之间共享权重。这种技术降低了神经元之间的互适应关系，从而被迫学习更为稳健的特征。

③ 采用GPU实现。

AlexNet网络采用了并行化的GPU进行训练，在每个GPU中放置一半通道的特征图（或神经元），GPU间的通信只在某些层进行。采用交叉验证，精确地调整通信量，直到它的计算量可接受。

随着深度学习的发展和硬件计算能力的提升，特别是GPU算力的提升，网络的层数越来越多，以下是具有代表性的几种CNN。

（3）VGG网络

VGG和GoogLeNet网络这两个模型结构有一个共同特点是层数多。与GoogLeNet不同，VGG继承了LeNet及AlexNet的一些结构特征，尤其是与AlexNet的结构非常像，VGG也有5个卷积层组、2个全连接层用于提取图像特征、1个全连接层用于分类特征。根据前5个卷积层组每个组中的不同配置，卷积层数从8～16递增，其网络结构如图7-13所示。

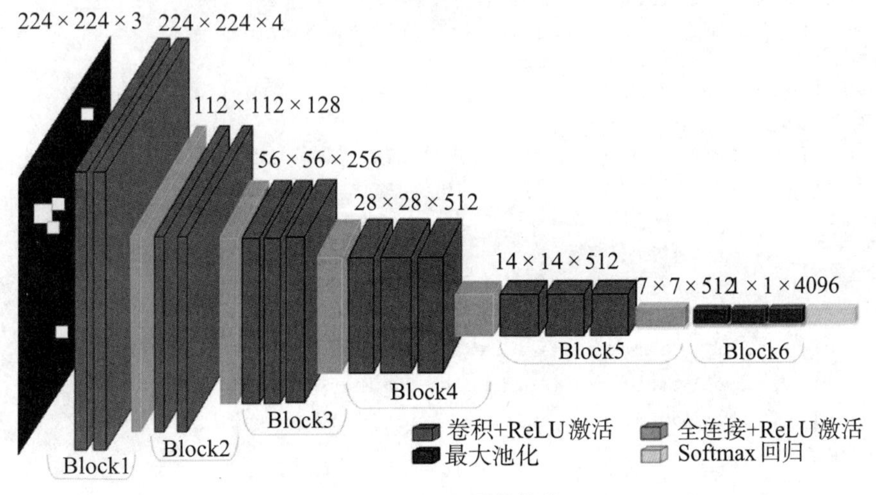

图7-13　VGG网络结构

VGG网络第1个卷积组包含2个卷积层，每个卷积层采用64个大小为3×3的卷积核，步长为1。2个卷积层后紧跟1个池化层，池化核大小为2×2，步长为2，输出特征图的大小为112×112×64。

第2个卷积层组包含2个卷积层，每个卷积层采用128个大小为3×3的卷积核，步长为1。随后紧跟1个池化层，池化核大小为2×2，步长为2，使特征图输出大小为56×56×128。

第3、4、5个卷积层组均包含3个卷积层，每个卷积层使用的卷积核大小均为3×3，步长均为1，仅通道数有区别。同时，池化层的参数也相同，采用2×2的池化核，步长为2。

最后全连接层采用4 096个神经元，输出层采用1 000个神经元输出，并通过Softmax函数输出类别概率值。

VGG在AlexNet的框架上增加了卷积层数，使网络能够提取输入中更加抽象的特征。此外，VGG采用了较小的卷积核，缩小卷积核尺寸在一定程度上减少了网络参数，但同时特征图通道数也显著增加。VGG采用了更深的网络结构，因此网络的参数量显著增长，VGG16网络参数存储需要消耗超过500 MB的空间。

另一种VGG结构VGG-19（19代表梯度下降法可调参的层数）第3、4、5个卷积层组中各增加了1个3×3的卷积层。

尽管VGG比AlexNet有更多的参数、更深的层次，但是VGG只需要很少的迭代次数就开始收敛。这是因为深度和小的过滤尺寸起到了隐式的正则化的作用，并且一些层进行了预初始化操作。

以下代码是基于TensorFlow实现的VGG网络。其中，slim.repeat( )允许用户重复地使用相同的运算符，第2个参数表示重复执行的次数。

```
    def vgg16(inputs):
      with slim.arg_scope([slim.conv2d,slim.fully_connected],
                          activation fn=tf.nn.relu,
                          weights_initializer=tf.truncated_normal_initializer
                          (0.0,0.01),
                          weights_regularizer=slim.12_regularizer(0.0005)):
    net = slim.repeat(inputs,2,slim.conv2d,64,[3,3],scope='conv1')
    net = slim.max_pool2d(net,[2,2],scope='pool1')
    net = slim.repeat (net,2,slim.conv2d,128,[3,3],scope='conv2')
    net = slim.max_pool2d(net,[2,2],scope='pool2')
    net = slim.repeat (net,3,slim.conv2d,256,[3,3],scope='conv3')
    net = slim.max_pool2d(net,[2,2],scope='pool3')
    net = slim.repeat (net,3,slim.conv2d,512,[3,3],scope='conv4')
    net = slim.max_pool2d(net,[2,2],scope='pool4')
    net = slim.repeat(net,3,slim.conv2d,512,[3,3],scope='conv5')
    net = slim.max_pool2d(net,[2,2],scope='pool5')
    net = slim.fully_connected(net,4096,scope='fc6')
    net = slim.dropout (net,0.5,scope='dropout6')
    net = slim.fully_connected(net,4096,scope='fc7')
    net = slim.dropout(net,0.5,scope='dropout7')
    net = slim.fully_connected(net,1000,activation_fn=None,scope='fc8')
  return net
```

（4）GoogLeNet网络

GoogLeNet网络是2014年ImageNet比赛冠军的模型，由塞格迪等人实现，这个模型说明用更多的卷积、更深的层次可以得到更好的结果。

VGG网络性能较好，但是有大量的参数。VGG网络在最后有两个4 096的全连接层，所以其参数很多。因为提升模型性能的办法主要是增加网络深度（层数）和宽度（通道数），这会产生大量的参数，这些参数不仅容易产生过拟合，还会大大增加模型训练的运算量。而GoogLeNet吸取了教训，为了压缩网络参数，把全连接层取消了，此外还使用了一种名为Inception的结构代替中间卷积层，这样既保持网络结构的稀疏性，又不降低模型的计算性能。Inception v1结构对前一层网络综合采用不同大小的卷积核提取特征，并结合最大池化进行特征融合，如图7-14所示。

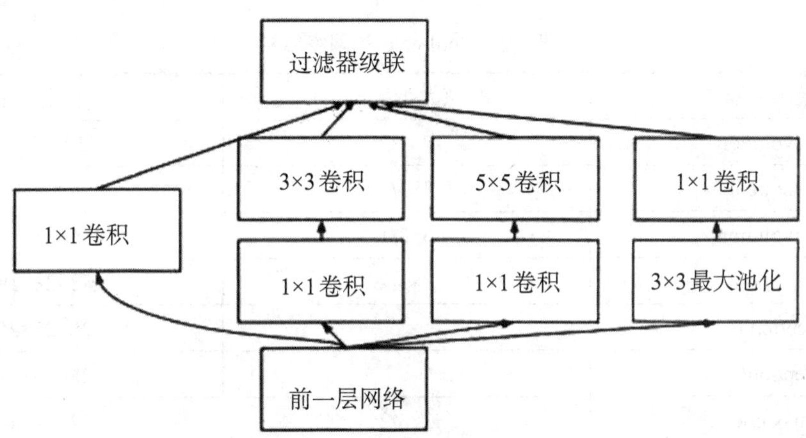

图7-14　GoogLeNet网络中Inception v1结构

Inception v1结构增加了网络的深度和宽度，提升了网络对尺度的适应性。其特点是增加了1×1卷积核的卷积层，该层实现了跨通道的信息整合，也减少了3×3和5×5的卷积核的数量，有效减少了参数量。Inception v1中的卷积和池化步长都为1。

GoogLeNet的另一个特点是，它被设计为一种深监督网络（DSN）。如图7-15所示，DSN的核心思想是在网络的某些隐层之间添加辅助分类器，对主网络进行监督。该设计通常在深度网络中使用，它通过在网络某隐层上附加分类器，解决网络训练梯度消失和收敛速度过慢等问题，起到辅助训练深层网络的目的。

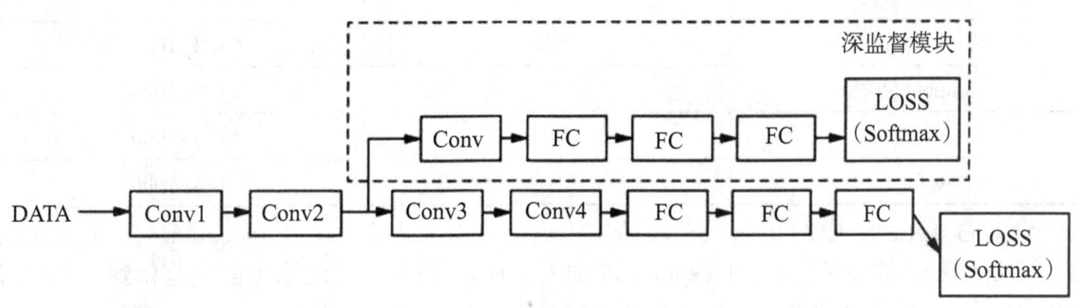

图7-15　带深监督的卷积网络

GoogLeNet主要的创新在于它采用一种网中网（NIN）的结构，即原来的节点也是一个网络。用了Inception之后，整个网络结构的宽度和深度都可扩大，因此能够带来较大的性能提升。普通卷积层只做一次卷积得到一组特征映射，这种将不同特征分开对应多个特征映射的方法并不是很精确，因为按照特征分类时只经历了一层，这会导致对于该特征的表达并不是很全面，所以NIN模型用全连接的MLP去代替传统的卷积过程，以获取特征更加全面的表达。同时，因为前面已经改进了特征表达，最后的全连接层被替换为一个7×7的全局平均池化层，上一层的卷积层输出通过该层池化后，每张二维特征图变为1×1的一个值。随后，GoogLeNet加入Dropout正则化处理池化输出，并与输出层的1 000个神经元相连，其中每个神经元都采用Softmax激活函数来计算损失。综上，GoogLeNet的网络结构见表7-2所列，其中网络层深度指该层操作的堆叠次数。

表7-2　GooLeNet的网络结构

操作类型	核大小步长	输出大小
convolution	7×7/2	112×112×64
max pool	3×3/2	56×56×64
convolution	3×3/1	56×56×192
max pool	3×3/2	28×28×192
Inception (3a)		28×28×256
Inception(3b)		28×28×480
max poo	3×3/2	14×14×480
Inception (4a)		14×14×512
Inception(4b)		14×14×512
Inception(4c)		14×14×512
Inception (4d)		14×14×528
Inception (4e)		14×14×832
max pool	3×3/2	7×7×832
Inception(5a)		7×7×832
Inception(5b)		7×7×1024
avg pool	7×7/1	1×1×1024
doupout (40%)		1×1×1024
linear		1×1×1000
softmax		1×1×1000

针对GoogLeNet中的Inception v1结构，后续又有人提出了基于Inception v2、Inception v3、Inception v4的改进版本。Inception v2加入了BN，将每一层的输出都规范化到一个均值为0、方差为1的高斯分布。此外，如图7-16所示，Inception v2将Inception v1中的5×5的卷积核换成了两个3×3的卷积核堆叠，减少了参数量，提高了运算速度。

Inception v2 的第 2 种结构如图 7-17 所示（n=7），该结构采用了非对称卷积的形式，进一步减少了参数量，与采用更小的 2×2 卷积核相比，特征提取效果更好。

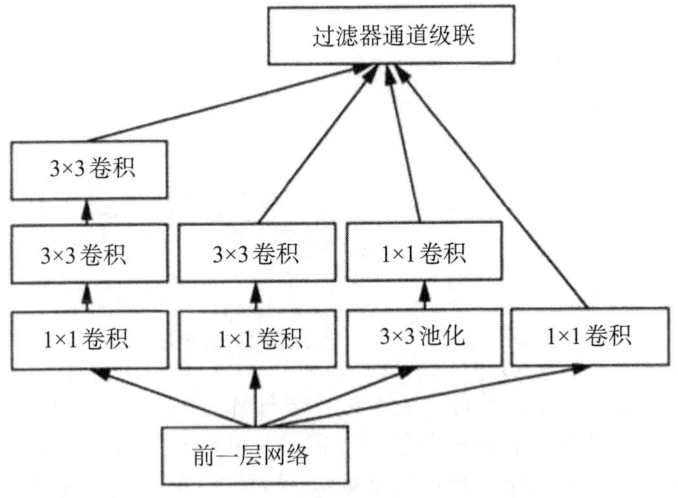

图 7-16 Inception v2 结构

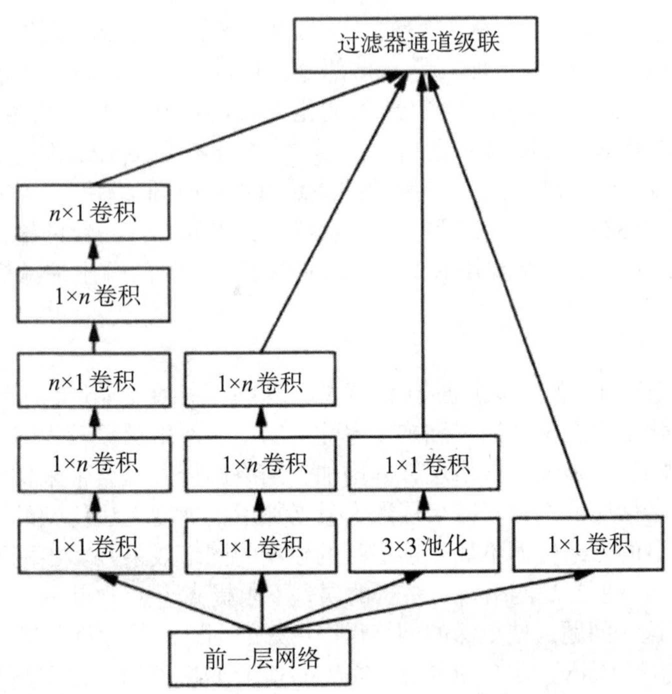

图 7-17 非对称卷积堆叠的 Inception v2 结构

Inception v2 的第 3 种结构如图 7-18 所示，该结构采用了 1×3 和 3×1 卷积并联来处理网络高层 8×8×1 280 维的特征。通过小卷积对高维特征进行局部处理能够获得更多的特征，并能减少参数量、加快网络的训练速度。

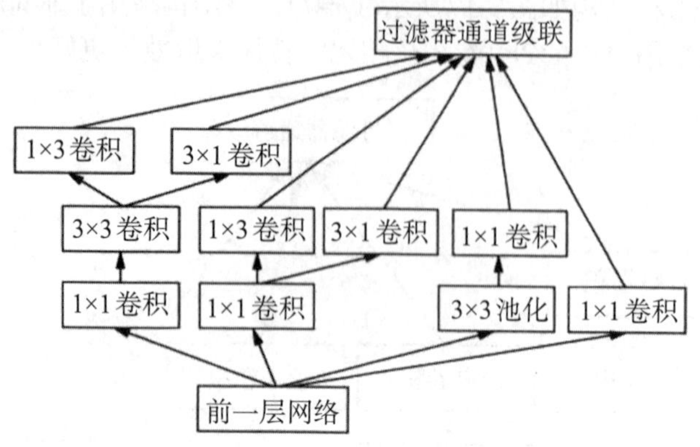

图7-18　1×3和3×1卷积并联的结构

上述后面两种Inception v2结构的主要改进在于分解，例如将7×7的卷积核分解成两个一维的卷积1×7和7×1，将3×3的卷积核分解为卷积1×3和3×1。通过分解可以减少参数量、加速计算，这种结构在网络前几层的特征提取效果不太好，但对特征图大小为12～20的中间层提取效果明显。分解后还会使网络深度和宽度进一步增加，这增强了网络的非线性映射能力。

Inception v3在网络的辅助分类器上加了BN处理。网络的输入从224×224变为了299×299，并更加精细地设计了网络中的35×35、17×17和8×8的Inception模块。

Inception v4的第一点改变是加入了stem部分，对进入Inception模块前的输入数据进行预处理。stem部分包含多次卷积和2次最大池化并行的结构，最终将输入处理成35×35×384。第二点改变在于Inception v4对网络中采用的3个主要Inception模块进行了改造，称为A、B和C模块。Inception v4引入了专用的缩减块（Reduction模块），使得3个Inception模块的输入能够固定为35×35、17×17和8×8。缩减块A将Inception A的输出从35×35缩减到17×17，并输入Inception B；缩减块B将Inception B的17×17的输出缩减到8×8，并输入Inception C。

（5）ResNet

ResNet（深度残差网络）是由何恺明等人实现的，并在2015年的ImageNet比赛上获胜。在深度网络优化中存在梯度消失和梯度爆炸的问题，网络层数较少时可以通过合理的初始化来解决这些问题。但是随着网络层数的增加，网络回传过程会带来梯度消失问题，经过几层后回传的梯度会彻底消失。当网络层数大量增加后，梯度无法传到的层相当于没有经过训练，使得深层网络的效果反而不如合适层数的较浅的网络效果好。当网络深度继续增加的时候，错误率会增高，主要是网络自身结构的误差下限提高了。

ResNet解决了这一问题，使更深的网络得以更好的训练。其原理是第N层的网络由$N-1$层的网络经过H（包括Conv、BN、ReLU、Pooling等）变换得到，并在此基础上直接连接到上一层的网络，使得梯度能够得以更好的传播。残差网络用残差来重构网络的映射，用于解决继续增加层数后，训练误差反而变大的问题，核心是把输入x再次引入结果，将x经过网络映射为$F(x)+x$，学习起来会更加简单，能更加方便逼近映射。

在残差网络的单个构建模块中，假设这一模块输入x的输出结果为$H(x)$，由于多层网络组成的堆叠层在理论上可以拟合任意函数，也就可以拟合$H(x)-x$，这样便可将学习目标

转化为 $F(x)=H(x)-x$ ，即残差，而将原目标转化为 $H(x)=F(x)+x$ ，其中 x 是恒等映射，即shortcut连接可在不增加参数和计算量的情况下，减小优化的难度，从而提升训练效果，其模块结构如图7-19所示。

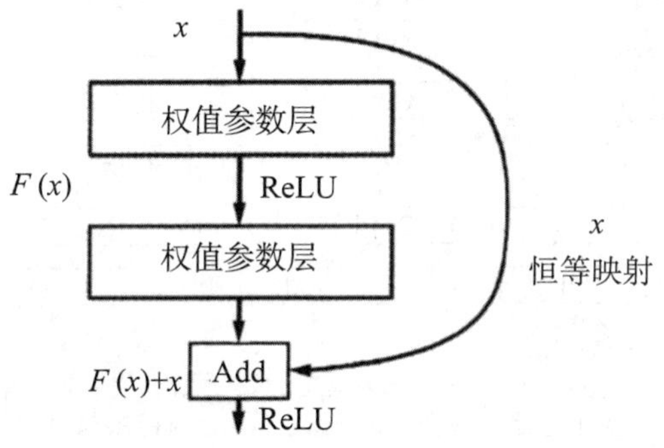

图7-19　残差网络模块结构

采用公式对图7-19进行定义，为 $y=F(x,\{w_i\})+x$ ，其中 x 和 y 分别为模块的输入和输出。 $F(x,\{w_i\})$ 表示待训练的残差映射函数两者有相同的堆叠层和残差模块，只是前者多加了一个 x ，实现更方便，而且易于比较相同层的堆叠层和残差层之间的优劣。在统计学中，残差是指实际观测值与估计值的差值，这里是直接的映射 $H(x)$ 与恒等 x 的差值。

图7-19中残差 $F(x)$ 的具体运算可以包括Conv、BN、ReLU，其中为了使2个分支（主分支和shortcut连接）的输出维度一致，需要在shortcut连接分支加一个1×1的卷积。

ResNet中的残差结构在ResNet-34和ResNet-50/101/152中的具体实现有所不同，如图7-20所示，该残差结构称为bottleneck残差结构，采用1×1的卷积，降低网络参数量。该结构常用于50层以上的ResNet，用于降低参数量。

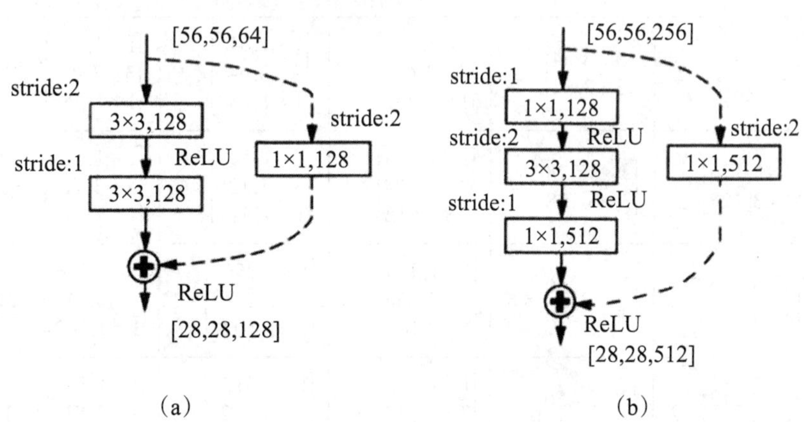

图7-20　ResNet-34残差结构与ResNet-50/101/152 bottleneck残差结构

依据这三种运算的执行顺序产生了ResNet残差结构的多种变体，如图7-21所示。

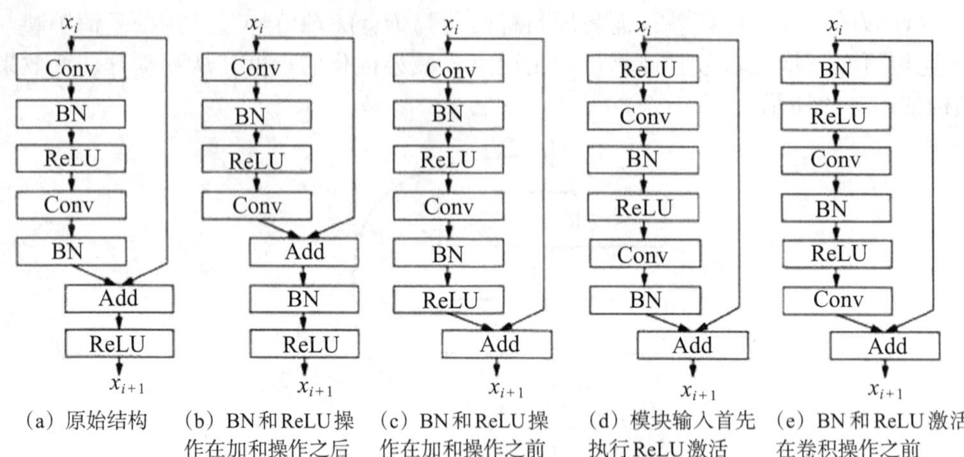

（a）原始结构　（b）BN和ReLU操作在加和操作之后　（c）BN和ReLU操作在加和操作之前　（d）模块输入首先执行ReLU激活　（e）BN和ReLU激活在卷积操作之前

图7-21　ResNet残差模块的各种变体

残差神经网络由大量的残差模块构成，因此引入了大量的恒等映射以实现不同层的特征组合。从单个残差模块来看，该映射能够让Loss跨越模块中间的两个参数层，直接传递给上一层网络参数，从而减少梯度消失的问题。由于采用了残差模块，ResNet的深度由34增长到了50甚至152。不同网络深度的ResNet结构见表7-3所列。

表7-3　不同网络深度的ResNet结构

网络层	18层ResNet	34层ResNet	50层ResNet	101层ResNet	152层ResNet	输出大小
Conv1	7×7,64,stride 2					112×112
Conv2_x	3×3 max pool,stride 2					56×56
	$\begin{bmatrix}3\times3,64\\3\times3,64\end{bmatrix}\times2$	$\begin{bmatrix}3\times3,64\\3\times3,64\end{bmatrix}\times3$	$\begin{bmatrix}1\times1,64\\3\times3,64\\1\times1,256\end{bmatrix}\times3$	$\begin{bmatrix}1\times1,64\\3\times3,64\\1\times1,256\end{bmatrix}\times3$	$\begin{bmatrix}1\times1,64\\3\times3,64\\1\times1,256\end{bmatrix}\times3$	
Conv3_x	$\begin{bmatrix}3\times3,128\\3\times3,128\end{bmatrix}\times2$	$\begin{bmatrix}3\times3,128\\3\times3,128\end{bmatrix}\times4$	$\begin{bmatrix}1\times1,128\\3\times3,128\\1\times1,512\end{bmatrix}\times4$	$\begin{bmatrix}1\times1,128\\3\times3,128\\1\times1,512\end{bmatrix}\times4$	$\begin{bmatrix}1\times1,128\\3\times3,128\\1\times1,512\end{bmatrix}\times8$	28×28
Conv4_x	$\begin{bmatrix}3\times3,256\\3\times3,256\end{bmatrix}\times2$	$\begin{bmatrix}3\times3,256\\3\times3,256\end{bmatrix}\times6$	$\begin{bmatrix}1\times1,256\\3\times3,256\\1\times1,1024\end{bmatrix}\times6$	$\begin{bmatrix}1\times1,256\\3\times3,256\\1\times1,1024\end{bmatrix}\times23$	$\begin{bmatrix}1\times1,256\\3\times3,256\\1\times1,1024\end{bmatrix}\times36$	14×14
Conv5_x	$\begin{bmatrix}3\times3,512\\3\times3,512\end{bmatrix}\times2$	$\begin{bmatrix}3\times3,256\\3\times3,256\end{bmatrix}\times3$	$\begin{bmatrix}1\times1,512\\3\times3,512\\1\times1,2048\end{bmatrix}\times3$	$\begin{bmatrix}1\times1,512\\3\times3,512\\1\times1,2048\end{bmatrix}\times3$	$\begin{bmatrix}1\times1,512\\3\times3,512\\1\times1,2048\end{bmatrix}\times3$	7×7
	average pool,1000-d FC,Softmax					1×1

除了调整残差模块内各种运算的顺序，还有ResNet的另一种变体随机深度ResNet。该方法能够更好地缓解梯度消失和加速训练。类似Dropout，该方法在一次前向传播中，会以

一定概率随机将残差模块失活，因此每一次前向传播都将随机构造出新的网络结构。

以下是构建ResNet模型的示意代码，其中input_tensor为四维张量，*n*为生成Residual块的数量。为了简化代码将下述常规方法抽象出来，其中，create_batch_normalization_layer( )方法是自定义的创建BN，通过TensorFlow的tf.nn.batch_normalization来实现；create_conv_bn_relu_layer( )方法中除了对输入层进行批量正则化外还应用ReLU方法过滤；create_output_layer( )方法是创建模型的输出层。

```
def resnet_model(input_tensor,n,reuse):
    layers =[]
    with tf.variable_scope('conv0',reuse=reuse):
         conv0 = create_conv_bn_relu_layer(input_tensor,[3,3,3,16],1)
            layers.append(conv0)
    for i in range(n):
        with tf.variable_scope('conv1_6d'si,reuse=reuse):
             if i==0:conv1=create_residual_block(layers[-1],16,first_
             block=True)
             else:conv1 = crate_residual_block(layers[-1],16)
             layers.append(conv1)
    with tf.variable_scope('fc',reuse=reuse):
        in_channel = layers[-1].get_shape().as_list()[-1]
        bn_layer=create_batch_normalization_layer(layers[-1],in_channel)
        relu_layer = tf.nn.relu(bn_layer)
        global_pool=tf.reduce_mean(relu_layer,[1,2])
        assert global_pool.get_shape().as_list()[-1:]==[64]
        output=create_output_layer(global_pool,10)
        layers.append(output)
    return layers[-1]
```

上述代码的特别之处在于其将不同的层合并成独立的Residual块，其中，创建Residual块的方法如下：输入为四维张量，如果是第一层网络则不需要进行正则化和ReLU过滤，在残差计算时，将输入层与最后一层相加作为Residual块的输出，这是ResNet的关键所在。

```
    def create_residual_block(input_layer,output_channel,first block=False);
        input_channel =input_layer.get_shape().as_list()[-1]
        with tf.variable_scope('conv1_in block'):
            if first_block:
                filter =create_variables(name='conv', shape=[3, 3, input channel,
output_channel])
              conv1 =tf.nn.conv2d(input_layer,filter=filter,strides=[1,1,1,1],
padding='SAME')
            else:
              conv1 =bn_relu_conv_layer(input_layer, [3, 3, input_channel, out-
```

```
put_channel],stride)
        with tf.variable_scope('conv2_in_block'):
            conv2 =bn_relu_conv_layer(conv1, [3, 3, output_channel, output_chan-
nel],1)
        output =conv2 +input_layer
         return output
```

（6）ResNeXt网络

在ResNet网络取得较大成功后，它的改进版ResNeXt网络于2016年被提出，如图7-22所示，其中（256,1×1,4)表示输入通道数、卷积核大小，输出通道数。ResNeXt结合了VGG中堆叠卷积层的思想和Inception中的split-transform-merge（拆分—变换—合并）策略，在一个卷积块中采用多组相同的堆叠卷积层来处理同一输入，并将多组输出进行线性组合，然后将之与输入的恒等映射相加，构成卷积块的输出。

以ResNeXt-50(32×4d)为例，32指网络的基本卷积块中分组的数量，4d表示每一个分组的通道数为4。如图7-22（a）所示，在该网络的第一个卷积块中，由1×1、3×3、1×1这三种卷积组合成一个堆叠卷积层，共采用了32组上述相同的堆叠结构，最后将结果进行线性组合，加上x恒等映射形成卷积块的输出。

图7-22中的三种结构本质上等价，但卷积执行的具体流程不同。图7-22（a）与图7-22（b）分32组处理同一输入，每组采用4个1×1卷积核，而图7-22（c）中直接采用128个1×1卷积核执行卷积。图7-22（b）中在3×3卷积后先将特征图按通道级联，再执行1×1卷积扩大通道。而图7-22（a）中则在完成完整的堆叠卷积后将各组结果线性相加，图7-22（c）中采用分组卷积的方式执行3×3卷积部分。

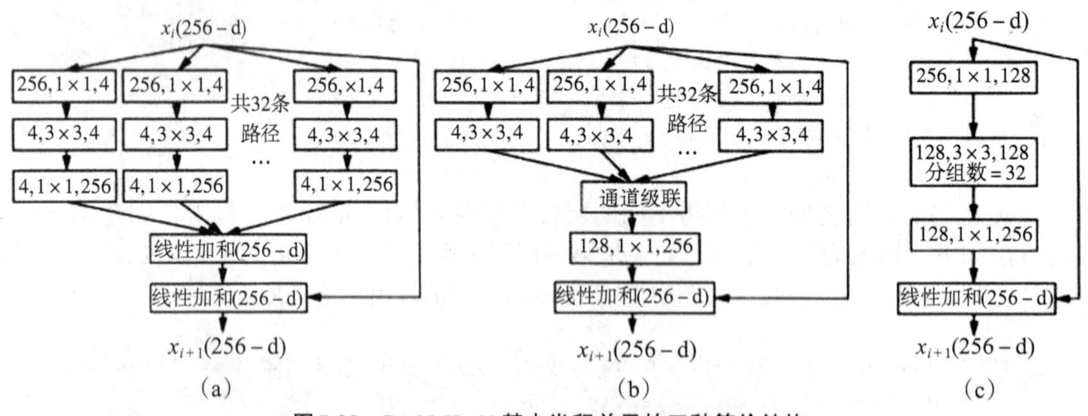

图7-22　ResNeXt-50基本卷积单元的三种等价结构

（7）DenseNet

DenseNet网络实现了对网络中每一层提取出的特征的复用，保证网络中信息流的完整性，以此提高网络预测的精度。其中，特征复用的实现依靠shortcut连接，它将当前层的输出向前传递给每个卷积层。

假设 X_i 表示DenseNet第i层卷积输入，F_i 表示第i层卷积层包含的操作组合，如BN、ReLU、Conv组合。在带有旁路的DenseNet中，X_i 的计算式如下

$$X_i = F_{i-1}(\text{Concatenate}(X_0, X_i, \cdots, X_{i-1}))^2$$

其中，X_0 表示网络输入，ConcaTenate 函数表示将 0 到 $i-1$ 各层的输入特征图按通道拼接。若 DenseNet 网络的各层均采用上述 shortcut 连接，则要求各层输出的特征图大小相同，这就限制了网络中的池化操作。因此，DenseNet 采用了 dense 块和过渡层结合的结构。dense 块中将包含多层带有 shortcut 连接的卷积层，在每两个 dense 块之间，DenseNet 加入了过渡层，该层包含一个步长为 2、核为 2×2 的平均池化层，实现特征图的下采样，这样下一个 dense 块的输入特征图就会变小。

不同深度的 DenseNet 网络结构见表 7-4 所列。过渡层的 1×1 的卷积层用于压缩特征图通道。

表 7-4　不同深度的 DenseNet 网络结构

网络层	输出	DenseNet-121	DenseNet-169	DenseNet-201	DenseNet-264
Convolution	112×112	7×7 conv,stride 2			
Pooling	56×56	3×3 max pool,stride 2			
Dense Block (1)	56×56	$\begin{bmatrix}1\times1,\text{conv}\\3\times3,\text{conv}\end{bmatrix}\times6$	$\begin{bmatrix}1\times1,\text{conv}\\3\times3,\text{conv}\end{bmatrix}\times6$	$\begin{bmatrix}1\times1,\text{conv}\\3\times3,\text{conv}\end{bmatrix}\times6$	$\begin{bmatrix}1\times1,\text{conv}\\3\times3,\text{conv}\end{bmatrix}\times6$
Transition Layer (1)	56×56	1×1 conv			
	28×28	2×2 average pool,stride 2			
Dense Block (2)	28×28	$\begin{bmatrix}1\times1,\text{conv}\\3\times3,\text{conv}\end{bmatrix}\times12$	$\begin{bmatrix}1\times1,\text{conv}\\3\times3,\text{conv}\end{bmatrix}\times12$	$\begin{bmatrix}1\times1,\text{conv}\\3\times3,\text{conv}\end{bmatrix}\times12$	$\begin{bmatrix}1\times1,\text{conv}\\3\times3,\text{conv}\end{bmatrix}\times12$
Transition Layer (2)	28×28	1×1 conv			
	14×14	2×2 average pool,stride 2			
Dense Block (3)	14×14	$\begin{bmatrix}1\times1,\text{conv}\\3\times3,\text{conv}\end{bmatrix}\times24$	$\begin{bmatrix}1\times1,\text{conv}\\3\times3,\text{conv}\end{bmatrix}\times24$	$\begin{bmatrix}1\times1,\text{conv}\\3\times3,\text{conv}\end{bmatrix}\times24$	$\begin{bmatrix}1\times1,\text{conv}\\3\times3,\text{conv}\end{bmatrix}\times24$
Transition Layer (3)	14×14	1×1 conv			
	7×7	2×2 average pool,stride 2			
Dense Block(3)	7×7	$\begin{bmatrix}1\times1,\text{conv}\\3\times3,\text{conv}\end{bmatrix}\times16$	$\begin{bmatrix}1\times1,\text{conv}\\3\times3,\text{conv}\end{bmatrix}\times16$	$\begin{bmatrix}1\times1,\text{conv}\\3\times3,\text{conv}\end{bmatrix}\times16$	$\begin{bmatrix}1\times1,\text{conv}\\3\times3,\text{conv}\end{bmatrix}\times16$
Classification Layer	1×1	7×7 global average pool			
		1000-d fully-connected,softmax			

为减少dense block中的网络参数量，DenseNet将1×1和3×3卷积组合叠加构造dense block，如图7-23所示。其中1×1的卷积层为bottleneck layer，负责将特征图的通道数减少；为防止dense block按通道拼接后的输出通道过长，DenseNet引入了一个超参数Growth rate来规定一个1×1和3×3卷积组合输出特征图的通道数。

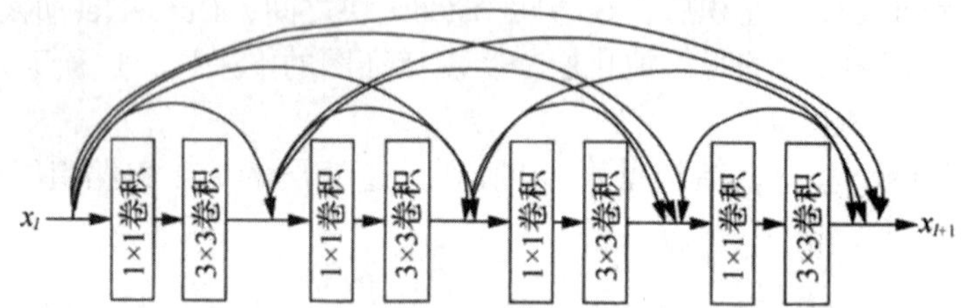

图7-23　一个带有4个bottleneck layer的dense block结构

（二）轻量型卷积神经网络

（1）MobileNet

MobileNet是谷歌公司于2017年提出的一种小型的CNN，它能够适应移动或嵌入式应用对模型低内存占用和速度的要求，通过牺牲部分性能缩减模型大小，得到了广泛的应用。

① MobileNet v1

MobileNet主要通过前文介绍的深度可分离卷积堆叠而成。MobileNet中的深度可分离卷积首先采用3×3的depthwise convolution（逐通道卷积）得到分离的结果，然后采用pointwise convolution（逐点卷积）将各通道的信息整合。与直接采用3×3的普通卷积相比，深度可分离卷积具有更少的参数。

MobileNet v1网络结构见表7-5所列，通过步长为2的卷积代替池化，缩小特征图的大小。整个网络只在最后两层采用了全局平均池化和全连接形成1×1×1 000的输出。

表7-5　MobileNet v1网络结构

操作类型	核尺寸,通道数	步长	输出大小
Conv	3×3,32	2	112×112
Conv dw	3×3,32		112×112
Conv	1×1,64		112×112
Conv dw	3×3,64	2	56×56
Conv	1×1,128		56×56
Conv dw	3×3,128		56×56
Conv	1×1,128		56×56
Conv dw	3×3,128	2	28×28

续表

操作类型	核尺寸,通道数	步长	输出大小
Conv	1×1,256		28×28
Conv dw	3×3,256		28×28
Conv	1×1,256		28×28
Conv dw	3×3,256	2	14×14
Conv	1×1,512		14×14
$5\times\begin{bmatrix}\text{Conv dw}\\ \text{Conv}\end{bmatrix}$	$\begin{bmatrix}3\times2,512\\ 1\times1,512\end{bmatrix}$		14×14
Conv dw	3×3,512	2	7×7
Conv	1×1,1024		7×7
Conv dw	3×3,1024	2	7×7
Conv	1×1,1024		7×7
Avg Pool	7×7		1024-d
FC	1024×1000		1000-d
Softmax			1000-d

② MobileNet v2

MobileNet v2在MobileNet v1的基础上进行了改进，实现了进一步压缩，如图7-24所示。首先，它在3×3的depthwise convolution前加了一层1×1卷积，采用ReLU激活函数，增加了网络的通道数；在3×3的depthwise convolution后的1×1卷积紧跟线性输出，防止ReLU造成特征丢失。其次，MobileNet v2中添加了ResNet中的shortcut结构，但只在depthwise convolution步长为1的情况才采用。

（2）ShuffleNet

ShuffleNet于2017年提出，可以压缩CNN模型以便在移动设备上应用。

ShuffleNet在深度可分离卷积的基础上，利用分组卷积进一步减少参数量。ShuffleNet采用逐点群卷积（pointwise group convolution）对网络中1×1卷积进行分组，以减少该部分卷积的参数量和内存占用。

ShuffleNet中需要堆叠分组卷积，容易导致某些通道的输出结果仅源于其输入的一部分通道信息，进而影响模型的预测精度。因此，ShuffleNet通过channel shuffle（通道混洗）的方法将分组卷积的结果按通道整体shuffle，实现了不同通道信息的融合。最后结合ResNet的shortcut结构，与输入信息相加形成单元输出。ShuffleNet的结构如图7-25所示。

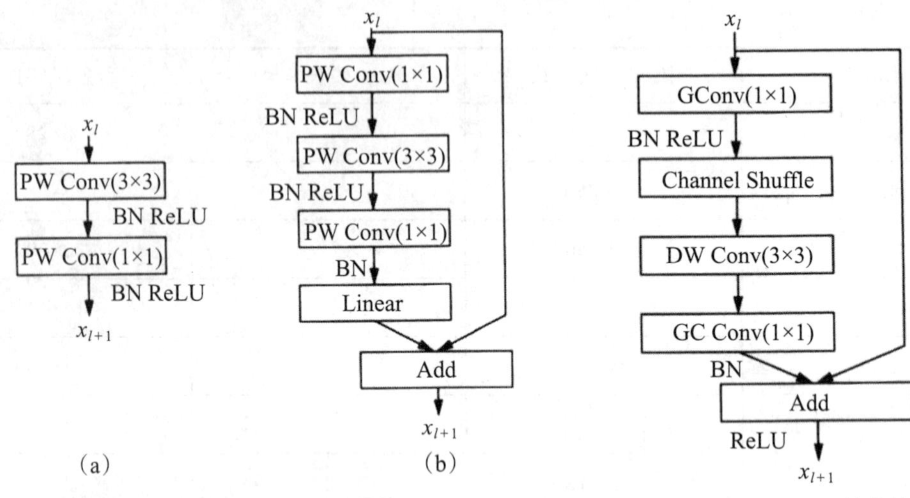

图7-24 MobileNet v1和MobileNet v2结构

图7-25 ShuffleNet的结构

第二节 循环神经网络

RNN是一种对序列数据建模的神经网络，主要应用于输入数据具有序列结构的场景。在传统的前向神经网络中，所有样本的处理都是相互独立的，而在实际场景中对音频、视频以及文本进行处理时，输入数据通常是具有依赖关系的，数据内部含有大量上下文信息，因此传统前向神经网络存在很大的局限性。RNN不同于前向神经网络，其隐层神经元在某时刻的输出可以作为其下一个时刻的输入，这样带来的好处是能够更高效地存储信息，保持数据内部的依赖关系。近年来，RNN开始在自然语言处理、图像识别、语音识别、上下文的预测、在线交易预测、实时翻译等领域迅速得到大量应用。

一、循环神经网络基本原理

RNN主要用来处理序列数据。传统的神经网络模型每层内的节点之间是无连接的。RNN中一个当前神经元的输出与前面的输出也有关，网络会对前面的信息进行记忆并将其应用于当前神经元的计算中，即隐层之间的节点也是有连接的，并且隐层的输入不仅包括输入层的输出，还包括上一时刻隐层的输出。理论上，RNN能够在输出层对任何长度的序列数据进行处理。但是在实践中，为了降低复杂度，往往假设当前的状态只与前面的隐层几个状态相关。图7-26是一个典型的RNN结构。

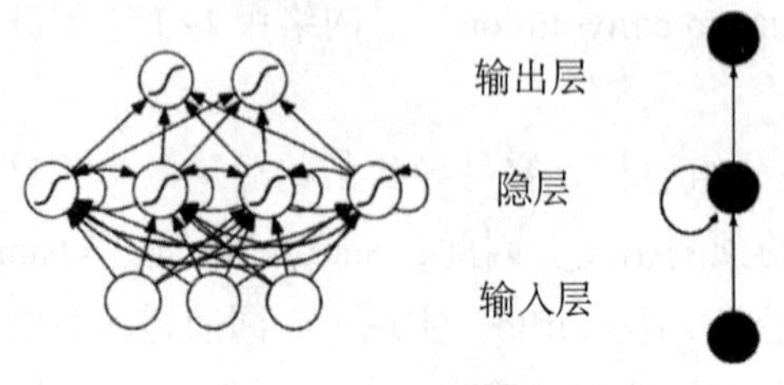

图7-26 RNN结构

RNN包含输入单元，输入集标记为 x_t ，而输出单元的输出集则被标记为 y_t 。RNN还包含隐藏单元，这些隐藏单元完成了主要工作。在某些情况下，RNN会引导信息从输出单元返回隐藏单元，并且隐层内的节点可以自连也可以互连。RNN的基本结构可以表示为

$$\boldsymbol{h}_t = f_W(\boldsymbol{h}_{t-1}, \boldsymbol{x}_t)$$

其中， $\boldsymbol{h}_t$ 表示新的目标状态，而 $\boldsymbol{h}_{t-1}$ 则是前一状态， $\boldsymbol{x}_t$ 是当前输入向量， f_W 是权重参数函数，目标值的结果与当前的输入、上一时刻的结果有关系，将上一时刻的结果 $\boldsymbol{h}_{t-1}$ 与当前输入向量 $\boldsymbol{x}_t$ 拼接作为循环体的全连接层神经网络的输入，以此可以求出各参数的权重。RNN隐层内的隐藏单元如图7-27所示，每一个隐藏单元内接收当前输入向量 $\boldsymbol{x}_t$ 以及上一时刻的结果 $\boldsymbol{h}_{t-1}$ ，通过Tanh函数生成新的目标状态 $\boldsymbol{h}_t$ ，并将其作为下一时刻隐藏单元的输入，同时将 $\boldsymbol{h}_t$ 经过Softmax函数生成 o_t 进行输出。

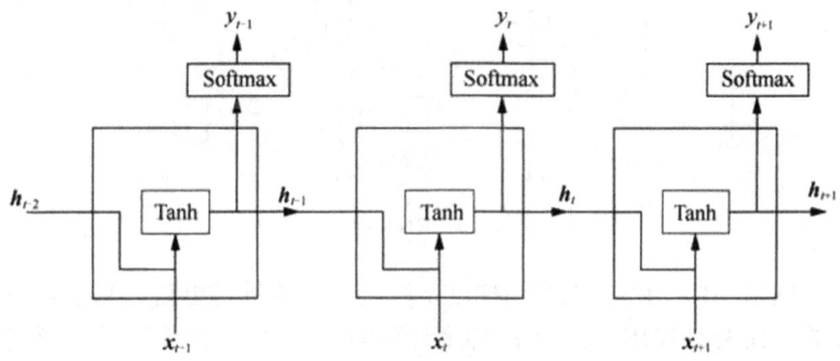

图7-27　RNN隐层内的隐藏单元

一个RNN可被认为是同一网络的多次重复执行，每一次执行的结果都是下一次执行的输入。如图7-28所示的是将RNN展开成一个全神经网络。其中， x_t 是输入序列， $\boldsymbol{h}_t$ 是在 t 时间步时的隐藏状态，可以被认为是网络的记忆，计算公式为 $\boldsymbol{h}_t = f(\boldsymbol{U}x_t + \boldsymbol{W}\boldsymbol{h}_{t-1})$ ，其中，f 为非线性激活函数（如ReLU），$\boldsymbol{U}$为当前输入的权重矩阵，$\boldsymbol{W}$为上一状态的输入的权重矩阵，可以看到当前状态 $\boldsymbol{h}_t$ 依赖于上一状态 $\boldsymbol{h}_{t-1}$ 。与CNN一样，RNN也共享参数，在时间维度上，共享权重参数包括$\boldsymbol{U}$、$\boldsymbol{V}$和$\boldsymbol{W}$。根据图7-28，可以看到随着状态数量增加，会形成多个$\boldsymbol{W}$相乘。如果$\boldsymbol{W}$是一个小于1的数字，随着输入状态的增加，在反向传递时误差变化会越来越小，最终导致梯度消失问题；如果$\boldsymbol{W}$是一个大于1的数字，则误差会越来越大，最后导致梯度爆炸。普通的RNN难以实现信息的长期保存，其记忆的状态数量有限，无法回忆起很久之前的状态。

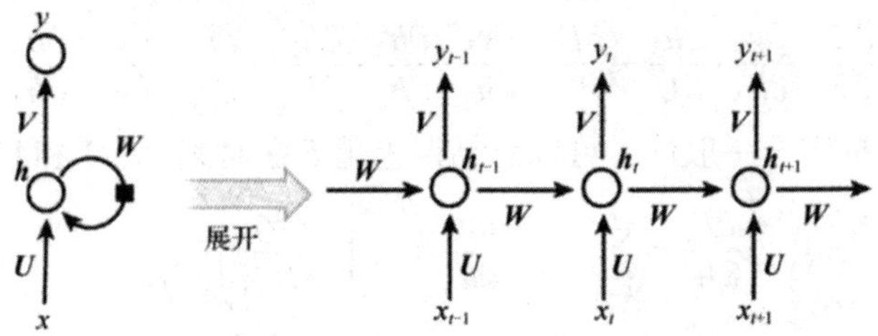

图7-28　RNN展开成一个全神经网络

RNN能够将输入的序列数据映射为序列数据输出，但RNN输出序列的长度并不要求与输入序列长度相等。根据不同任务的要求，RNN大致可以分为一对多、多对一、多对多几种，图7-29（a）所示的输入是一个，输出是多个，对应的任务场景如图片标注（输入一幅图像，输出关于这幅图像的标题信息）；图7-29（b）所示的输入是多个，输出则是一个，对应的任务场景如社交网络的用户情感分析（输入一段话，输出这段话的情感分类）；图7-29（c）所示的输入与输出之间是异步的，输入是多个，输出也是多个，对应的任务场景如机器翻译（输入一段话，输出其译文；或者输入一篇文章，输出这篇文章的文本摘要）；图7-29（d）是指多个输入和输出是同步的，例如进行字幕描述、语音识别。

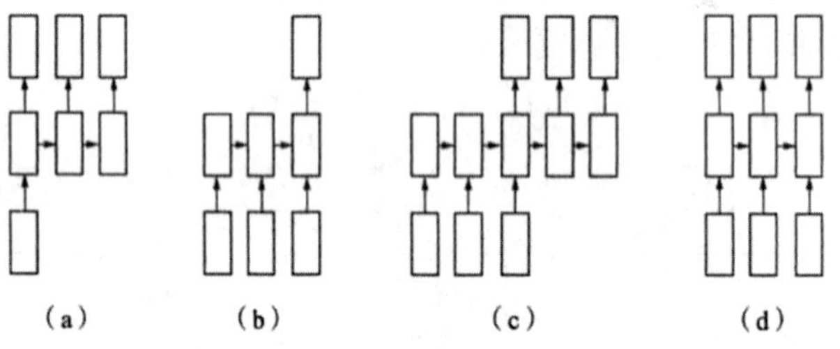

图7-29　RNN种类

与前馈神经网络相似，RNN也是用梯度下降法对权重进行更新。基于RNN的损失是随时间进行累加的，模型参数$\boldsymbol{W}$、$\boldsymbol{U}$、$\boldsymbol{V}$的梯度计算需要将每一时刻误差值对参数$\boldsymbol{V}$进行求偏导并求和

$$\begin{cases}\dfrac{\partial E}{\partial \boldsymbol{V}}=\sum\limits_{t=1}^{n}\dfrac{\partial E_t}{\partial \hat{y}_t}\cdot\dfrac{\partial \hat{y}_t}{\partial \boldsymbol{V}}\\ \dfrac{\partial E}{\partial \boldsymbol{W}}=\sum\limits_{t=1}^{n}\dfrac{\partial E_t}{\partial \hat{y}_t}\cdot\dfrac{\partial \hat{y}_t}{\partial \boldsymbol{W}}\\ \dfrac{\partial E}{\partial \boldsymbol{U}}=\sum\limits_{t=1}^{n}\dfrac{\partial E_t}{\partial \hat{y}_t}\cdot\dfrac{\partial \hat{y}_t}{\partial \boldsymbol{U}}\end{cases}$$

关于模型参数$\boldsymbol{U}$及$\boldsymbol{W}$的梯度计算，则需要追溯之前的历史信息。假设只有3个时刻，当时刻t=3时，误差值E_3对模型参数$\boldsymbol{W}$的偏导需要追溯到该时刻之前的所有时刻信息，同理可得误差值E_3对模型参数$\boldsymbol{U}$的偏导：

$$\begin{cases}\dfrac{\partial E_3}{\partial \boldsymbol{W}}=\dfrac{\partial E_3}{\partial \hat{y}_3}\cdot\dfrac{\partial \hat{y}_3}{\partial \boldsymbol{h}_3}\cdot\dfrac{\partial \boldsymbol{h}_3}{\partial \boldsymbol{W}}+\dfrac{\partial E_3}{\partial \hat{y}_3}\cdot\dfrac{\partial \hat{y}_3}{\partial \boldsymbol{h}_3}\cdot\dfrac{\partial \boldsymbol{h}_3}{\partial \boldsymbol{h}_2}\cdot\dfrac{\partial \boldsymbol{h}_2}{\partial \boldsymbol{W}}+\dfrac{\partial E_3}{\partial \hat{y}_3}\cdot\dfrac{\partial \hat{y}_3}{\partial \boldsymbol{h}_3}\cdot\dfrac{\partial \boldsymbol{h}_3}{\partial \boldsymbol{h}_2}\cdot\dfrac{\partial \boldsymbol{h}_2}{\partial \boldsymbol{h}_1}\cdot\dfrac{\partial \boldsymbol{h}_1}{\partial \boldsymbol{W}}\\ \dfrac{\partial E}{\partial \boldsymbol{U}}=\dfrac{\partial E_3}{\partial \hat{y}_3}\cdot\dfrac{\partial \hat{y}_3}{\partial \boldsymbol{h}_3}\cdot\dfrac{\partial \boldsymbol{h}_3}{\partial \boldsymbol{U}}+\dfrac{\partial E_3}{\partial \hat{y}_3}\cdot\dfrac{\partial \hat{y}_3}{\partial \boldsymbol{h}_3}\cdot\dfrac{\partial \boldsymbol{h}_3}{\partial \boldsymbol{h}_2}\cdot\dfrac{\partial \boldsymbol{h}_2}{\partial \boldsymbol{U}}+\dfrac{\partial E_3}{\partial \hat{y}_3}\cdot\dfrac{\partial \hat{y}_3}{\partial \boldsymbol{h}_3}\cdot\dfrac{\partial \boldsymbol{h}_3}{\partial \boldsymbol{h}_2}\cdot\dfrac{\partial \boldsymbol{h}_2}{\partial \boldsymbol{h}_1}\cdot\dfrac{\partial \boldsymbol{h}_1}{\partial \boldsymbol{U}}\end{cases}$$

将上述求得公式推广至一般性，可以总结误差值E在时刻t对$\boldsymbol{W}$和$\boldsymbol{U}$的求偏导公式：

$$\begin{cases}\dfrac{\partial E_t}{\partial \boldsymbol{W}}=\sum\limits_{k=1}^{t}\dfrac{\partial E_t}{\partial \hat{y}_t}\cdot\dfrac{\partial \hat{y}_t}{\partial \boldsymbol{h}_t}\cdot\left(\prod\limits_{j=k+1}^{t}\dfrac{\partial \boldsymbol{h}_j}{\partial \boldsymbol{h}_{j-1}}\right)\cdot\dfrac{\partial \boldsymbol{h}_k}{\partial \boldsymbol{W}}\\ \dfrac{\partial E_t}{\partial \boldsymbol{U}}=\sum\limits_{k=1}^{t}\dfrac{\partial E_t}{\partial \hat{y}_t}\cdot\dfrac{\partial \hat{y}_t}{\partial \boldsymbol{h}_t}\cdot\left(\prod\limits_{j=k+1}^{t}\dfrac{\partial \boldsymbol{h}_j}{\partial \boldsymbol{h}_{j-1}}\right)\cdot\dfrac{\partial \boldsymbol{h}_k}{\partial \boldsymbol{U}}\end{cases}$$

与传统神经网络相比，RNN的参数是共享的，当前时刻的参数与上一时刻的状态相关，从而缩小参数空间和增加记忆能力。另外，梯度结果依赖于当前时刻和之前所有时刻的计算结果，这一过程称为随时间的反向传播（BPTT），综合了层级间和时间上的传播两个方面进行参数优化。但是用BPTT训练RNN时，有时并不能处理较长距离的依赖，会存在梯度消失或爆炸问题。

用于二元分类的RNN模型对应的代码如下：

```
model =tf.keras.models.Sequential([
  tf.keras.layers.Lambda(lambda x:tf.expand_dims(x,axis=-1),
                          input_shape=[None]),
  tf.keras.layers.SimpleRNN(50,return_sequences=True),
  tf.keras.layers.SimpleRNN(40,return_sequences=True),
  tf.keras.layers.SimpleRNN(30),
  #输出层用于二元分类
  tf.keras.layers.Dense(1),
])
```

RNN的缺点是存在长期依赖，由于其核心思想是将以前的信息连接到当前的任务，当前位置与相关信息所在位置之间的距离相对较小，RNN可以被训练来使用这样的信息。然而，随着距离的增大，RNN对于如何将这样的信息连接起来无能为力。其中，针对梯度爆炸问题，当梯度很大时，可以考虑采用梯度截断的方法，将梯度约束在一个范围之内。此处假设参数 w_1 以及 w_2 的梯度更新公式为

$$\begin{cases} w_1 \leftarrow w_1 - \alpha \dfrac{\partial E}{\partial w_1} \\ w_2 \leftarrow w_2 - \alpha \dfrac{\partial E}{\partial w_2} \end{cases} \tag{7-16}$$

令 $g_1 = \dfrac{\partial E}{\partial w_1}$， $g_2 = \dfrac{\partial E}{\partial w_2}$，计算 $\|g\|_2 = \sqrt{g_1^2 + g_2^2}$，接下来设定截断阈值 ε，判断当 $\|g\|_2$，大于阈值 ε 时，则令 $g_1 = \varepsilon g_1 / \|g\|_2$， $g_2 = \varepsilon g_2 / \|g\|_2$，进而实现梯度截断；当 $\|g\|_2$ 小于等于裁剪阈值 ε 时， g_1 与 g_2 保持不变。

梯度截断法能够很好地解决梯度爆炸问题，但不适合处理梯度消失问题，需要对模型结构进行优化，例如修改门的结构或者选取更好的激活函数。其中，激活函数可以选取ReLU函数以有效缓解梯度消失，但需结合权重初始化或梯度截断以防止其他潜在问题。处理长序列任务时，可选用LSTM（长短期记忆网络）、GRU（门限循环单元）等含门控机制的结构。

缓解RNN长期依赖的其他方法还有层标准化（LN）、shortcut连接等。在RNN训练过程中，内部循环节点的均值以及标准差会发生改变，产生漂移现象，引发梯度消失与梯度爆炸问题，因而使用LN方法能够有效缓解长距离依赖问题。LN与BN不同，LN针对的是同一个样本的不同特征。LN不依赖于输入序列的深度，可以用于RNN，LN统一将每个循环单元结合起来视作同一层进行标准化。以时间步 t 为例，使用LN方法时，循环节点的计算公式如下

$$\begin{cases} a_t = \boldsymbol{U}x_t + \boldsymbol{W}\boldsymbol{h}_{t-1} \\ \boldsymbol{h}_t = f\left(\gamma \cdot \dfrac{a_t - \mu_t}{\sigma_t} + \beta\right) \end{cases} \tag{7-17}$$

式中，a_t 为传入神经元的净输入，μ_t 和 σ_t 分别为时刻 t 的该层神经元的均值以及标准差，β 和 γ 为平移和缩放的参数，并随着梯度的反向传播进行参数的更新。

shortcut连接的基本思想是通过直接跨越多个时间步的长距离连接，使得模型内部长时间尺度的状态能够有效地在神经网络中传递，缓解长时间步造成的梯度消失现象。

二、长短期记忆网络（LSTM）

RNN存在长期依赖的缺点，在输入序列过长的情况下容易导致梯度消失或梯度爆炸问题。为有效解决此问题，人们提出了一些改进的方法，例如回声状态网络（ESN）、增加有漏单元、门限RNN等。LSTM是RNN的一种改进架构，能够学习长期依赖关系，在沿时间和层进行反向传递时，可以将误差保持在更加恒定的水平，让RNN能够进行多个时间步的学习，从而建立远距离因果联系，有效解决RNN中存在的梯度消失、梯度爆炸问题。它在许多问题上效果非常好，现已被广泛使用。

LSTM通过门控单元来实现RNN中的信息处理，用门的开关程度来决定对哪些信息进行读写或清除。其中，门的开关信号由激活函数的输出决定。与数字开关不同，LSTM中的门控为模拟方式，即具有一定的模糊性，并非0、1二值状态。例如，Sigmoid函数输出为0，表示全部信息不允许通过；1表示全部信息都允许通过；而0.5表示允许一部分信息通过。这样的好处是易于实现微分处理，有利于误差反向传播。

门的开关程度本质上是由信息的权重决定的。在训练过程中，LSTM会不断依据输入信息学习样本特征，调节参数及其权重。与神经网络的误差反向传播相似，LSTM通过梯度下降来调整权重强度实现有用信息的保留，将无用信息删除或过滤，并针对不同类型的门采用不同的转换方式。例如，遗忘门采用新旧状态相乘，而输出门采用新旧状态相加，从而使整个模型在反向传播时的误差恒定，最终在不同的时间尺度上同时实现长时和短时记忆的效果。

图7-30为LSTM模块结构，展示了数据在记忆单元中如何流动，以及单元中的门如何控制数据流动。

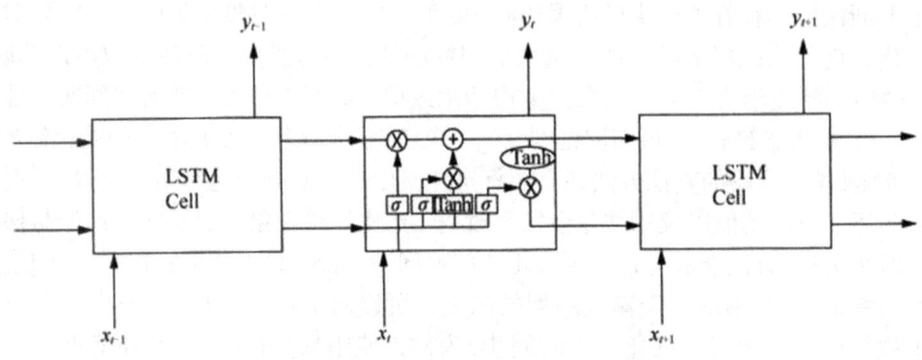

图7-30　LSTM模块结构

LSTM的核心在于处理元胞状态，而元胞状态贯穿不同的时序操作过程。其中，状态信息可以很容易地传递，同时经过一些线性交互，对元胞状态中所包含的信息进行添加或移除。线性交互主要通过门结构来实现，例如输入门、遗忘门、输出门等，经过Sigmoid神经网络层和元素级相乘操作之后，对结果进行判定，实现元胞状态的传递控制，Sigmoid层输出范围为0～1，用其控制信息通过级别，值为0表示不允许通过任何信息，值为1表示允许通过所有信息。

LSTM前向计算的具体步骤如下。

（1）LSTM首先判断对上一状态输出的哪些信息进行过滤，即遗忘那些不重要的信息。它通过一个遗忘门的Sigmoid激活函数实现。遗忘门是LSTM网络的关键组成部分，可以控制信息要保留的部分，并减少梯度消失和梯度爆炸问题。遗忘门的输入包括前一状态 $\boldsymbol{h}_{t-1}$ 和当前状态的输入 $\boldsymbol{x}_t$，即输入序列中的第 t 个元素，将输入向量与权重矩阵相乘，加上偏置值之后通过激活函数输出一个0～1的值，取值越小越趋向于丢弃。最后将输出结果与上一元胞状态 $\boldsymbol{C}_{t-1}$ 相乘后输出，如图7-31所示。

$$f_t=\sigma(W_f\cdot[\boldsymbol{h}_{t-1},x_t]+\boldsymbol{b}_f) \tag{7-18}$$

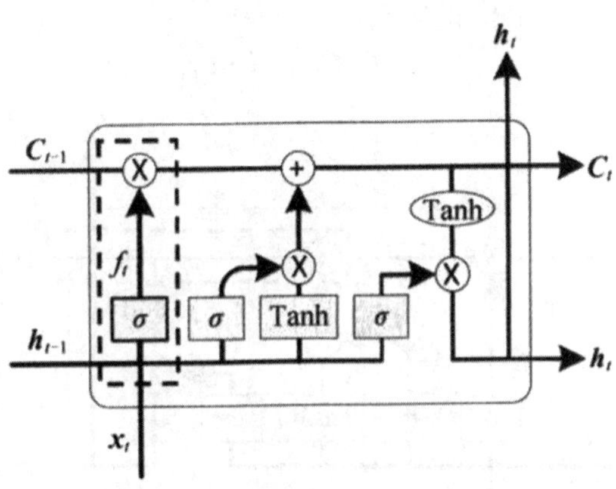

图7-31　LSTM遗忘门——丢弃信息

（2）通过输入门将有用的新信息加入元胞状态。首先，将前一状态 $\boldsymbol{h}_{t-1}$ 和当前状态的输入 $\boldsymbol{x}_t$ 输入Sigmoid函数中滤除不重要信息。另外，利用 $\boldsymbol{h}_{t-1}$ 和 $\boldsymbol{x}_t$ 通过Tanh函数得到一个-1～1的输出结果。这将产生一个新的候选值，后续将判断是否将其加入元胞状态，如图7-32所示。该过程可以用下面公式描述，其中，i 控制 t 时刻新输入的接受程度，即网络当前输入数据在记忆单元的接受程度。

$$\begin{cases}\boldsymbol{i}_t=\sigma(W_i\cdot[\boldsymbol{h}_{t-1},\boldsymbol{x}_t]+\boldsymbol{b}_i)\\ \tilde{\boldsymbol{C}}_t=\mathrm{Tanh}(W_C\cdot[\boldsymbol{h}_{t-1},\boldsymbol{x}_t]+\boldsymbol{b}_C)\end{cases} \tag{7-19}$$

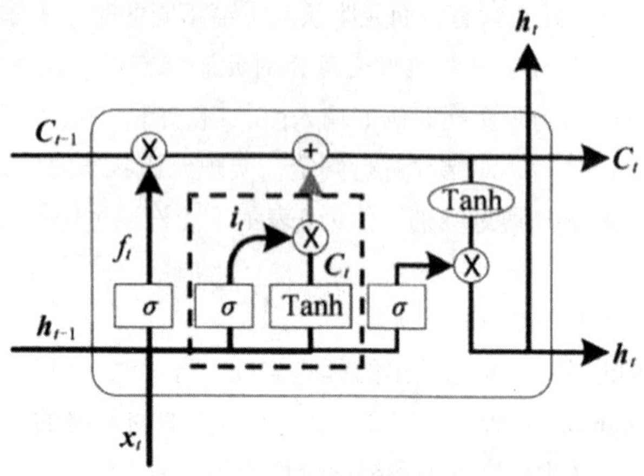

图 7-32　LSTM 输入门

（3）将上一步中 Sigmoid 函数和 Tanh 函数的输出结果相乘，并加上步骤（1）中的输出结果，从而实现保留的信息都是重要信息，此时更新状态 $\boldsymbol{C}_t$ 即可忘掉那些不重要的信息，如图 7-44 所示。该过程可以用下面公式描述，其中前半部分表示由遗忘门控制的上一时刻记忆单元 $\boldsymbol{C}_{t-1}$ 中的信息对当前时刻记忆单元 $\boldsymbol{C}_t$ 的影响，后半部分表示由输入门控制的记忆单元候选值对当前时刻的记忆单元 $\boldsymbol{C}_t$ 的影响。

$$\boldsymbol{C}_t = f_t \cdot \boldsymbol{C}_{t-1} + \boldsymbol{i}_t \cdot \tilde{\boldsymbol{C}}_t \tag{7-20}$$

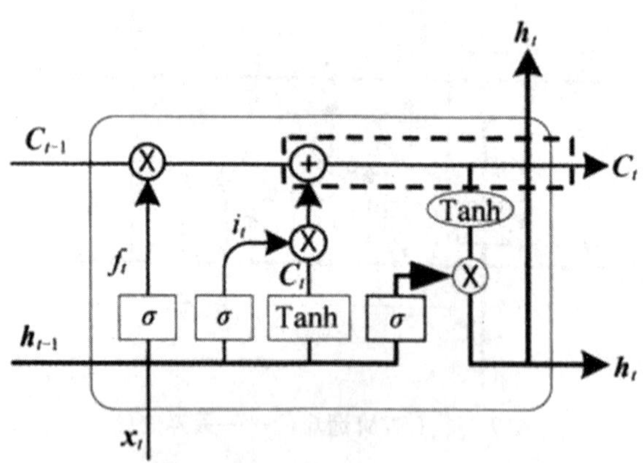

图 7-33　LSTM 遗忘门——更新

（4）从当前状态中选择重要的信息作为输出。首先，将前一隐状态 $\boldsymbol{h}_{t-1}$ 和当前输入值 $\boldsymbol{x}_t$ 通过 Sigmoid 函数得到一个 0～1 的结果值 $\boldsymbol{o}_t$。然后对步骤（3）中输出结果计算 Tanh 函数的输出值，并与 $\boldsymbol{o}_t$ 相乘，作为当前隐状态的输出结果 $\boldsymbol{h}_t$，同时也作为下一个隐状态 $\boldsymbol{h}_{t+1}$ 的输入值，如图 7-34 所示。该过程涉及的公式如下所示：

$$\begin{cases} \boldsymbol{o}_t = \sigma(W_o \cdot [\boldsymbol{h}_{t-1}, \boldsymbol{x}_t] + \boldsymbol{b}_o) \\ \boldsymbol{h}_t = \boldsymbol{o}_t \cdot \mathrm{Tanh}(\boldsymbol{C}_t) \end{cases} \tag{7-21}$$

式中，$\boldsymbol{o}_t$ 为输出门控制记忆单元 $\boldsymbol{C}_t$ 对当前输出值 $\boldsymbol{h}_t$ 的影响程度，即记忆单元中的哪一部分会在时刻 t 输出。

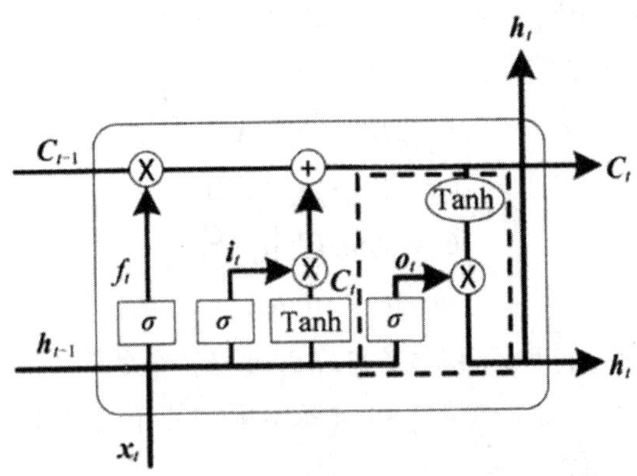

图7-34　LSTM输出门

（5）当前向传播到最后一层时，将此时隐状态 $\boldsymbol{h}_t$ 乘以权重矩阵并加上偏置值得到 $\boldsymbol{o}_t$，再通过Softmax函数输出预测值 $\hat{\boldsymbol{y}}_t$。该过程涉及的公式如下：

$$\begin{cases}\boldsymbol{o}_t = V \cdot \boldsymbol{h}_t + c \\ \hat{\boldsymbol{y}}_t = \sigma(\boldsymbol{o}_t)\end{cases} \tag{7-22}$$

式中，$\hat{\boldsymbol{y}}_t$ 为最终预测的输出结果。

LSTM的BP算法和RNN的BP算法类似，都是通过梯度下降法迭代更新参数。在RNN中通过隐状态 $\boldsymbol{h}_t$ 的梯度反向传播，而在LSTM中由于存在两个隐状态 $\boldsymbol{h}_t$ 和 $\boldsymbol{C}_t$，因而此处定义两个梯度反向传播为

$$\begin{cases}\delta_{\boldsymbol{h}}^{(t)} = \dfrac{\partial L}{\partial \boldsymbol{h}^{(t)}} \\ \delta_{\boldsymbol{C}}^{(t)} = \dfrac{\partial L}{\partial \boldsymbol{C}^{(t)}}\end{cases} \tag{7-23}$$

三、门限循环单元（GRU）

门限循环单元（GRU）是LSTM的变种，本质上就是一个没有输出门的LSTM，因此它在每个时间步都会将记忆单元中的所有内容写入整体网络，其结构如图7-35所示。

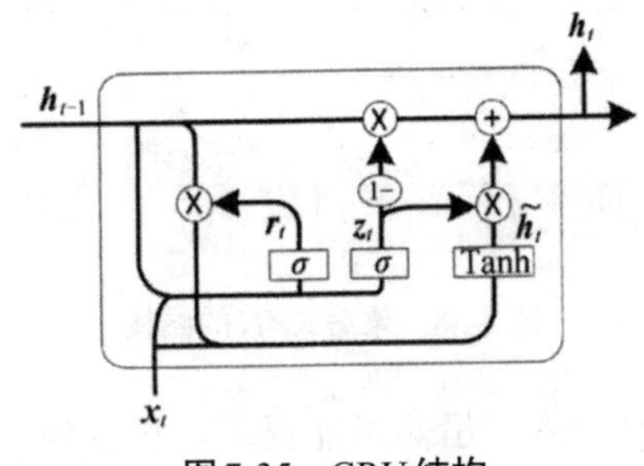

图7-35　GRU结构

GRU模型只有两个门——更新门和重置门，即图7-35中的 $\boldsymbol{z}_t$ 和 $\boldsymbol{r}_t$。GRU将LSTM单元中的遗忘门和输入门合并为单一的“更新门”。更新门用于控制前一时刻的状态信息被带入

当前状态中的程度。重置门用于控制忽略前一时刻的状态信息的程度，重置门的值越小，说明忽略得越多。关于GRU前向传播的相关计算如下：

$$\begin{cases} z_t = \sigma(W_z \cdot [\boldsymbol{h}_{t-1}, \boldsymbol{x}_t]) \\ \boldsymbol{r}_t = \sigma(W_r \cdot [\boldsymbol{h}_{t-1}, \boldsymbol{x}_t]) \\ \tilde{\boldsymbol{h}}_t = \text{Tanh}(W \cdot [\boldsymbol{r}_t \cdot \boldsymbol{h}_{t-1}, \boldsymbol{x}_t]) \\ \boldsymbol{h}_t = (1 - z_t) \cdot \boldsymbol{h}_{t-1} + z_t \cdot \tilde{\boldsymbol{h}}_t \end{cases} \tag{7-24}$$

GRU与LSTM都是通过各种门函数来实现对重要特征的记忆的，不同之处在于GRU相对于LSTM少了一个门函数，比标准的LSTM模型更加简单，减少了模型参数的数量，因此GRU的训练速度要快于LSMT。

四、循环神经网络的其他改进

RNN可以是多隐层的堆叠，通过增加网络的深度，使得模型能够提取输入中更抽象、更深层次的特征表示，增加模型的复杂性，从而使模型预测更为准确。如图7-36所示为堆叠RNN的结构，下一层的RNN的输出可以作为上一层的输入，依次迭代进行传递。其中，$\boldsymbol{h}_t(l)$ 定义为t时刻第 l 隐层的隐藏状态，它是由 $t-1$ 时刻第 l 隐层以及 t 时刻第 $l-1$ 隐层的隐藏状态共同决定的：

$$\boldsymbol{h}_t^{(l)} = f(\boldsymbol{U}^{(l)} \boldsymbol{h}_{t-1}^{(l)} + \boldsymbol{W}^{(l)} \boldsymbol{h}_t^{(l-1)} + \boldsymbol{b}^{(l)}) \tag{7-25}$$

式中，$\boldsymbol{U}^{(l)}$、$\boldsymbol{W}^{(l)}$ 为权重矩阵，$\boldsymbol{b}^{(l)}$ 为偏置值。

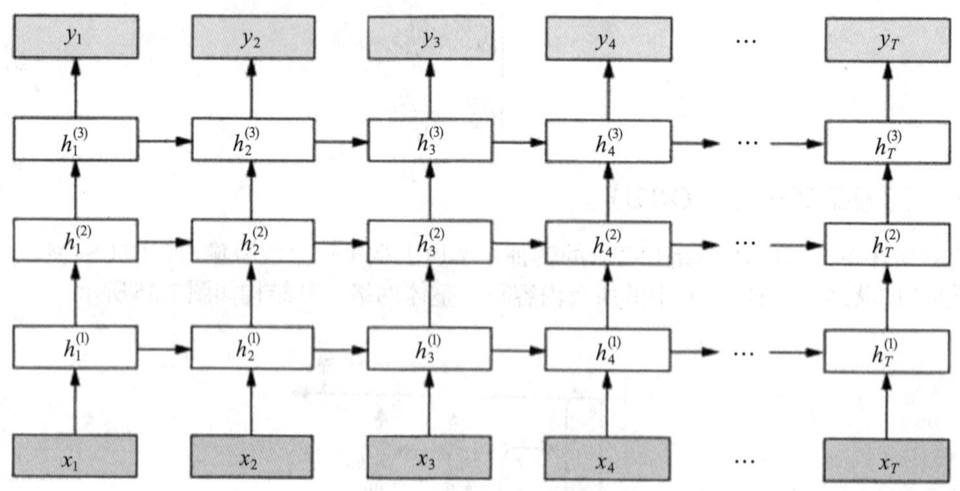

图7-36 堆叠RNN的结构

堆叠式RNN提高了模型复杂度，虽然可能提取出更抽象、更深层的特征，但依然存在模型过拟合和梯度问题。

除此之外，还存在采用双向结构的改进，例如BiLSTM，即双向LSTM模型。BiLSTM是对传统LSTM的改进，其由前向LSTM与后向LSTM组合构成，通常用于自然语言处理任务中建模上下文信息。BiLSTM的模型结构如图7-37所示，图中“⊕”表示拼接。传统LSTM只能正向提取句子中的词汇之前的语义特征信息，而对一个词的语义理解，需要参考该词前后词汇的信息。例如预测一句话中缺失的单词，不仅需要根据该缺失单词前文信息来判断，还需要考虑其后面的内容，这样才能真正做到基于上下文信息进行判断。BiLSTM从正向、反向两个方向全面捕捉句子的语义特征，充分利用上下文信息，有效避免了上述问题。

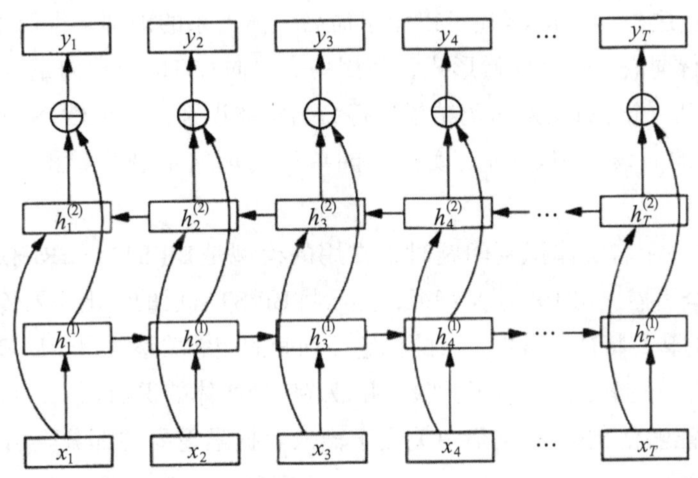

图7-37 BiLSTM的模型结构

在大多数实际任务中，尝试将其他网络与RNN结合也是一种办法，例如将CNN与RNN进行结合，实现由图片生成其描述文字（例如标题）或图像描述。其中，CNN用于对图片信息进行编码，通过卷积提取图像隐藏的特征向量，然后将此向量输入RNN中，利用RNN对此向量进行解码，生成图片对应的描述文字。

目前图像描述模型有百度的m-RNN（多模态递归神经网络）及谷歌的NIC（神经图像描述）等。其中，m-RNN模型采用encoder-decoder（编码器-解码器）的结构，将CNN与RNN进行结合，有效解决了图像描述及图像检索等问题。m-RNN的结构如图7-38所示。

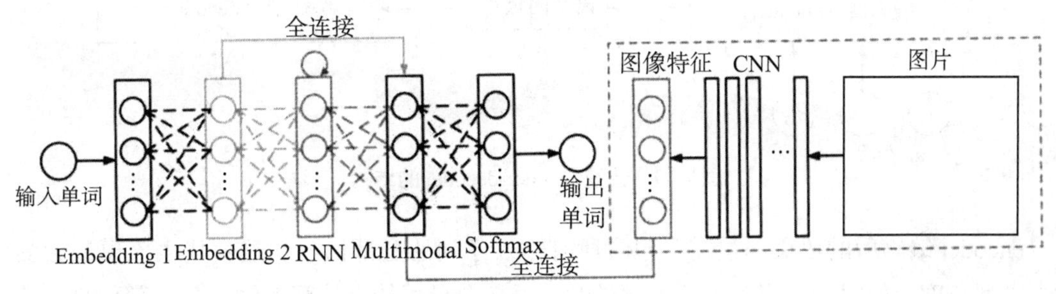

图7-38 m-RNN的结构

m-RNN首先将输入词语经由两个word embedding（词嵌入）层学习输入单词的稠密表

示，然后将生成的稠密向量同时向RNN层及multimodal（多模态）层传递。同时，CNN对输入的图片进行特征提取，将提取到的特征传递至multimodal层，multimodal层将接收的稠密向量、RNN层的输出状态以及CNN提取的特征统一进行变换，并将结果传入Softmax层生成单词的概率矩阵。

m-RNN模型在训练时，选取最终生成句子的困惑度作为代价函数来衡量模型的损失，并逐步进行调优。在CNN特征提取部分，常使用AlexNet或者VGG模型。

除了图像描述之外，m-RNN还可以用于命名实体关系的识别，类似于编码器解码器，将输入的单词进行词嵌入转为向量形式，使用一个双向LSTM对词向量进行编码。针对编码结果，分别使用一个LSTM对编码结果进行命名实体识别，一个CNN对编码结果进行关系分类。在分类的时候，用CNN对实体之间单词的词向量进行卷积，然后进行池化和分类。

RNN用于解决命名实体识别问题时，常用的模型是BiLSTM+CRF模型。BiLSTM从正、反两个方向全面捕捉句子的语义特征，然后将BiLSTM层的输出序列传入CRF层，CRF层学习输出序列的转移特征，根据生成的标签序列间的相邻关系获得全局最优标签序列。这样，输出序列的各个元素之间就有了关联，并最终实现实体的识别。

注意力机制能够使RNN模型集中关注于输入数据最重要的部分。引入注意力机制的RNN模型，包括seq2seq（sequence-to-sequence）模型，seq2seq模型是一种序列对序列的RNN模型，主要的应用是机器翻译。从本质上看，seq2seq模型是一种多对多的RNN模型，也就是输入序列和输出序列不等长的RNN模型。seq2seq模型采用encoder-decoder结构，传统encoder-decoder的结构如图7-39所示，其中，encoder将所有输入序列统一编码成一个语义向量，语义向量包含该输入序列的所有信息，decoder则是对这个语义向量进行解码，生成指定目标序列。

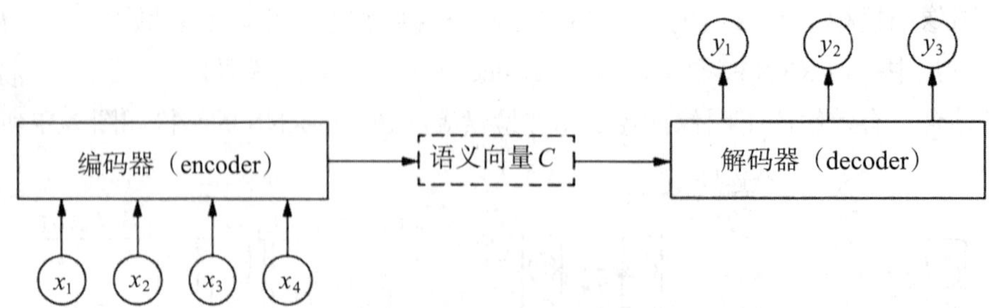

图7-39　传统encoder-decoder的结构

encoder编码后的语义向量需要包含所有输入序列的全部信息，这就代表该模型会受到输入序列长度上的限制，当输入序列过长时，语义向量可能无法涵盖输入的全部信息，造成模型学习的精度下降。此外，seq2seq模型在解码阶段参考的是整个语义向量，而通常在翻译任务中，当解码一个词时不可能与源序列所有词都有相同的关联。因而将注意力机制引入

seq2seq模型中，在decoder阶段，有重点地参考对于当前序列词贡献最大的语义向量，以提高解码效率与准确性。附加注意力机制的encoder-decoder的结构如图7-40所示。

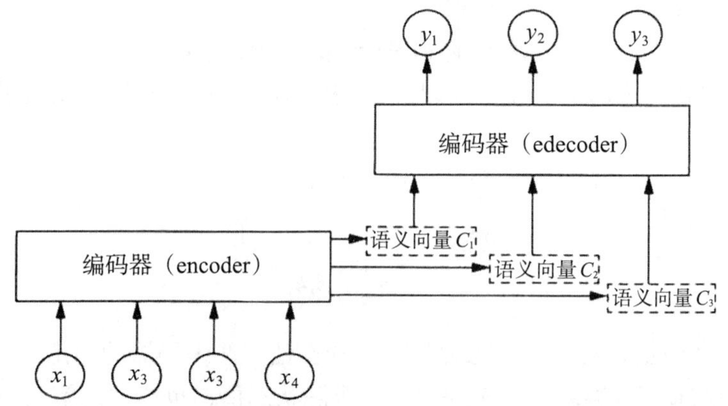

图7-40　附加注意力机制的encoder-decoder的结构

下面简要介绍外部注意力的计算方法。

encoder-decoder模型使用BiLSTM作为编码器，对输入的信息进行编码，编码结果通过带注意力的解码器进行解码，以提取与结果紧密相关的重要信息，如图7-41所示。

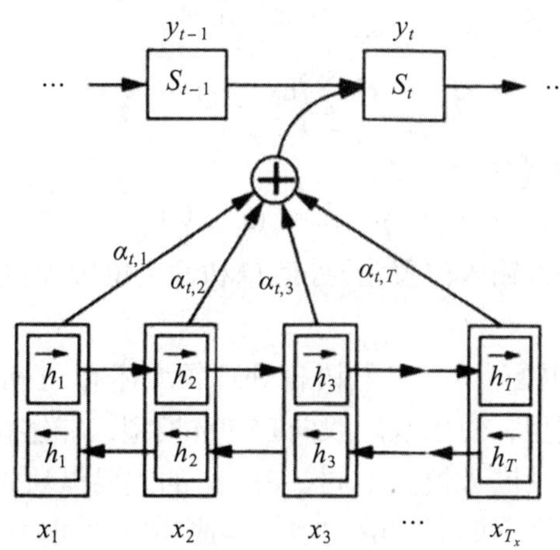

图7-41　编码器-解码器模型

下面以机器翻译为例对其进行说明。

假设输入$\boldsymbol{x}$是长度为T的字（词）向量序列，向量空间大小为K_x，翻译结果$\boldsymbol{y}$是一个长度为T_y的字（词）向量序列，其向量空间大小为K_y，则有

$$\begin{cases}\boldsymbol{x}=(\boldsymbol{x}_1,\boldsymbol{x}_2,\cdots,\boldsymbol{x}_{T_x}),\boldsymbol{x}\in R^{K_x}\\ \boldsymbol{y}=(\boldsymbol{y}_1,\boldsymbol{y}_2,\cdots,\boldsymbol{y}_{T_y}),\boldsymbol{y}\in R^{K_y}\end{cases} \tag{7-26}$$

一般情况下，翻译的源语言和目标语言词汇数量并不相同，因此T_x和T_y的值也不一定

相等。翻译结果的输出是逐字输出，通过逐一求解属于某个字（词）的条件概率来确定翻译结果，即已知输入x和前$i-1$个翻译字（词）的情况下，求y_i为某个词的概率，可以用函数g表示：

$$p(\boldsymbol{y}_i \mid \boldsymbol{y}_1,\boldsymbol{y}_2,\cdots,\boldsymbol{y}_{i-1},x)=g(\boldsymbol{y}_{i-1},\boldsymbol{s}_i,c_i) \tag{7-27}$$

式中，$\boldsymbol{y}_{i-1}$为已翻译出来的前一个字（词），$\boldsymbol{s}_i$表示在第i个时间步解码器的隐状态，其计算公式如下：

$$\boldsymbol{s}_i=f(\boldsymbol{s}_{i-1},c_i) \tag{7-28}$$

式中，f函数为激活函数。

$$\boldsymbol{c}_i=\sum_{j=1}^{T_x}\alpha_{ij}\boldsymbol{h}_j \tag{7-29}$$

式中，$\boldsymbol{c}_i$为上下文向量，它基于注意力机制选择性地关注编码器的输出结果；$\boldsymbol{h}_j$为长度为T_x的输入文字经过LSTM编码结果序列中的一个隐状态值，也称“注解”，意指借助编码器获得第j个位置周围的注解信息，它是前向和后向隐状态值连接后的结果：

$$\boldsymbol{h}_j=\begin{bmatrix}\overrightarrow{\boldsymbol{h}}_j\\ \cdots\\ \overleftarrow{\boldsymbol{h}}_j\end{bmatrix}$$

α_{ij}作为权重系数用于获得重要的上下文信息，通过Softmax函数计算：

$$\alpha_{ij}=\frac{\exp(e_{ij})}{\sum_{k=1}^{T_x}\exp(e_{ik})} \tag{7-30}$$

式中，e_{ij}为借助对齐模型计算得到

$$e_{ij}=\partial(\boldsymbol{s}_{i-1},\boldsymbol{h}_j)$$

对齐模型∂的作用是评价输入位置为j处信息和输出位置为i处结果之间的匹配度，可以采用向量内积等计算。

除了前面基于注意力的模型，在自然语言处理领域还有ELMo语言模型。ELMo语言模型是一种基于特征的语言模型，使用双层双向LSTM模型，能够在词向量或词嵌入中表示词汇。与Word2Vec、GloVe等词嵌入模型不同，ELMo的主要做法是先训练一个完整的语言模型，再用这个语言模型去处理需要训练的文本，生成相应的词向量。传统词向量的编码采用独热编码，用0与1表示，无法计算词之间的相似度，导致向量稀疏，并且大多数词向量都是固定的，存在无法应对一词多义的问题。而在ELMo语言模型中，每个词对应的向量是一个包含该词的整个句子的函数，同一个词在不同的上下文中对应不同的词向量，这使得ELMo模型在处理一词多义的场景下效果更好。

ELMo模型首先将原始词向量输入双向LSTM模型中的第一层，其中前向迭代中包含该词及其前面词汇的信息，后向迭代包含后面词汇的信息，这两种迭代的信息组成中间词向量，并被输入模型的下一层，最终ELMo是原始词向量和两个中间词向量的加权和，如图7-42所示。在实际任务中，ELMo模型可用于情感分析、机器翻译、语言模型、文本摘要、命名实体识别以及问答系统等自然语言处理领域。

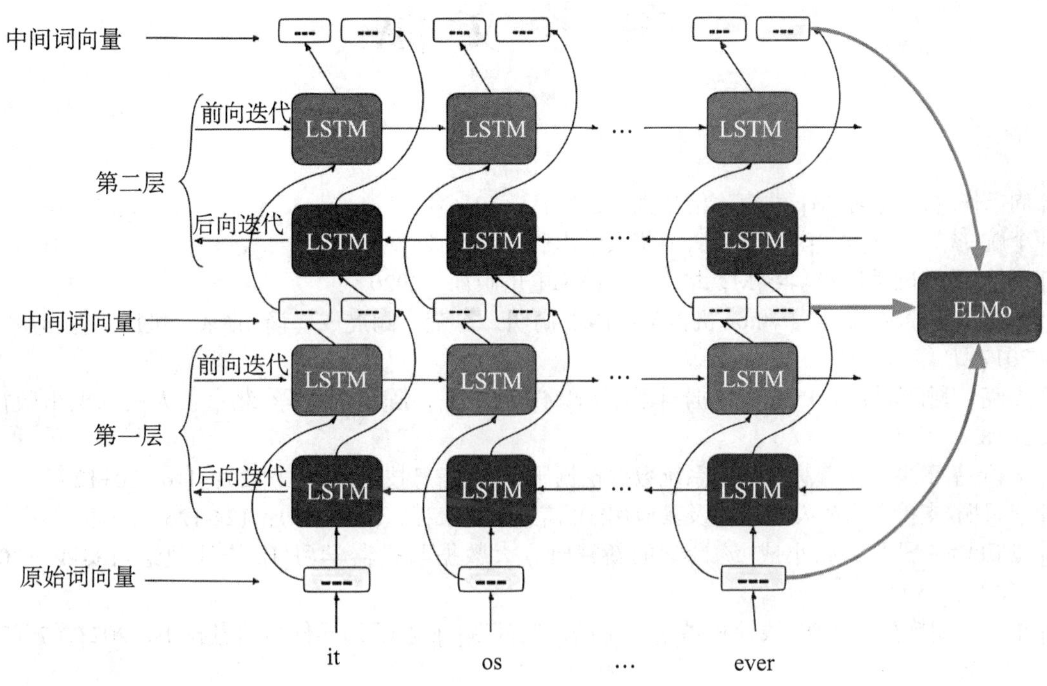

图 7-42　ELMo 语言模型

参 考 文 献

[1] 周志华. 机器学习[M]. 北京：清华大学出版社，2016.

[2] 李航. 统计学习方法[M]. 北京：清华大学出版社，2012.

[3] 黄佳. 零基础学机器学习[M]. 北京：人民邮电出版社，2020.

[4] 塞巴斯蒂安·拉施卡. Python 机器学习[M]. 高明，徐莹，陶虎成，译. 北京：机械工业出版社，2017.

[5] 杰克·万托布拉斯. Python 数据科学手册[M]. 陶俊杰，陈小莉，译. 北京：人民邮电出版社，2018.

[6] 李颖. 基于决策树算法的信息系统数据挖掘研究[J]. 信息技术，2022（2）：116-120+126.

[7] 李召桐. 支持向量机发展历程及其应用[J]. 信息系统工程，2024（3）：124-126.

[8] 刘敬伟，罗君，张小成. 统计学的新视野：大数据与机器学习[J]. 统计理论与实践，2023（10）：55-60.

[9] 牟安，胡艳茹，张庆. 浅谈机器学习中的回归问题[J]. 电子元器件与信息技术，2023，7（8）：81-84.

[10] 潘志洋. 探讨大数据时代机器学习的应用及发展[J]. 电子元器件与信息技术，2022，6（4）：66-69.

[11] 邱鹏，刘汉忠，黄晓华. 基于混合深度神经网络的异常检测方法[J]. 实验室研究与探索，2023，42（9）：73-77.

[12] 宋静，张利益. 基于机器学习的线性回归预测数据库空间使用情况的应用研究[J]. 电子测试，2020（15）：58-59+62.

[13] 田世杰，张一名. 机器学习算法及其应用综述[J]. 软件，2023，44（7）：70-75.

[14] 王欣，雷珺，李小欢，等. 基于深度神经网络的智能交互式学习系统[J]. 电子设计工程，2022，30（22）：73-77.

[15] 谢兆贤，邹兴敏，张文静. 面向大型数据集的高效决策树参数剪枝算法[J]. 计算机工程，2024，50（1）：156-165.

[16] 张涵夏. 适用于线性回归和逻辑回归的场景分析[J]. 自动化与仪器仪表，2022，（10）：1-4+8.

[17] 张媛，宋伟，郭莹，等. 浅谈聚类分析在大数据分析中的应用[J]. 华章，2023（12）：115-117.

[18] 朱娇. 支持向量机聚类算法研究及其应用[D]. 安庆：安庆师范大学，2023.

[19] 朱伟波. 面向分布式机器学习任务的动态调度方法研究[D]. 杭州：杭州电子科技大学，2023.